2018年重庆市建筑绿色化发展年度报告

重庆市绿色建筑与建筑产业化协会绿色建筑专业委员会
重庆大学绿色建筑与人居环境营造教育部国际合作联合实验室
重庆大学国家级低碳绿色建筑国际联合研究中心
重庆市建设技术发展中心
主编

科学出版社
北京

内容简介

本书详细总结了2018年重庆市绿色建筑发展情况，分析了重庆市绿色建筑整体发展情况、技术咨询能力和项目技术增量，整理了绿色建材发展和公共建筑节能改造情况，梳理了既有公共建筑绿色化改造的室内环境提升技术体系、超低能耗建筑技术体系，整理形成了重庆市建筑绿色化发展技术路线，并对重庆地区农村建筑的热环境现状与节能潜力进行了分析。

本书是对重庆市建筑绿色化发展的阶段性总结，可供城乡建设领域及绿色建筑技术研究、设计、施工、咨询等领域的相关人员参考。

图书在版编目(CIP)数据

2018年重庆市建筑绿色化发展年度报告／重庆市绿色建筑与建筑产业化协会绿色建筑专业委员会等主编. —北京：科学出版社，2019.4

ISBN 978-7-03-060583-2

Ⅰ. ①2… Ⅱ. ①重… Ⅲ. ①生态建筑-研究报告-重庆-2018 Ⅳ. ①TU-023

中国版本图书馆CIP数据核字（2019）第030915号

责任编辑：华宗琪／责任校对：彭　映
责任印制：罗　科／封面设计：陈　敬

科学出版社出版
北京东黄城根北街16号
邮政编码：100717
http://www.sciencep.com

成都锦瑞印刷有限责任公司印刷
科学出版社发行　各地新华书店经销
*
2019年4月第　一　版　　开本：787×1092　1/16
2019年4月第一次印刷　　印张：11
字数：260 000

定价：89.00元
（如有印装质量问题，我社负责调换）

编 委 会

前　言

《2018 年重庆市建筑绿色化发展年度报告》是重庆市绿色建筑与建筑产业化协会绿色建筑专业委员会针对重庆市 2018 年建筑绿色化发展领域的主要工作开展情况，汇集业内主要单位编写完成的集工作总结和技术报告于一体的行业年度发展报告，也是年度报告公开出版的第三季。

2018 年，重庆市住房和城乡建设委员会在推动城乡建设领域绿色发展方面开展了一系列卓有成效的工作。全市围绕生态优先绿色发展要求，组织部署建筑节能、绿色建筑发展目标，在建筑节能、绿色建筑、节能改造、可再生能源建筑应用、绿色建材等方向不断创新发展，圆满完成年度各项工作计划，实现了绿色建筑的量质齐升发展目标。

为了充分总结行业发展，在 2018 年的重庆市建筑绿色化发展年度报告中，首次加入了重庆市 2018 年度建筑节能与绿色建筑工作实施情况总结，同时持续涵盖了重庆市绿色建筑与建筑产业化协会绿色建筑专业委员的年度工作总结、重庆市绿色建筑年度发展情况、重庆市绿色建筑与建筑产业化协会绿色建材行业报告，针对公共建筑能耗监测状况，进行了分析总结。在技术报告中，本次年度报告重点总结了公共建筑绿色化改造、村镇建筑热环境现状，以及业内关注的超低能耗建筑、海绵城市等技术与应用；同时，为了进一步探索适合重庆市的建筑绿色化发展途径，分析总结了重庆市建筑绿色化发展技术路线图。

由于年度报告时间紧、内容多的编撰特性，各参与单位和编写人员均付出了大量艰辛的劳作，至此收稿之际，一并向参与编写工作的各位工作人员表示衷心的感谢！对重庆市住房和城乡建设委员会建筑节能处对年度报告出版工作的大力支持表示由衷的感谢！虽然本年度报告力求尽可能全面总结，但由于编写单位的时间、能力有限，内容仍难以全面覆盖，如有遗漏，在此向相关单位、人员表示歉意，我们会在后续工作中尽可能予以完善。

重庆市绿色建筑与建筑产业化协会绿色建筑专业委员会

2019 年 1 月

目　录

总 结 篇

技 术 篇

总 结 篇

第1章　2018年度重庆市建筑节能与绿色建筑工作实施情况总结

2018 年，重庆市住房和城乡建设委员会在住房和城乡建设部的指导下，在市委、市政府的领导下，认真贯彻党的“十九大”会议精神，牢固树立并切实践行“创新、协调、绿色、开放、共享”五大发展理念，严格落实《民用建筑节能条例》《重庆市建筑节能条例》有关规定，按照住房和城乡建设部《绿色建筑行动方案》《重庆市绿色建筑行动实施方案(2013—2020 年)》《重庆市实施生态优先绿色发展行动计划(2018—2020 年)》及《住房和城乡建设部建筑节能与科技司关于印发 2018 年工作要点的通知》(建科综函〔2018〕20 号)的工作部署，紧紧围绕“量质提升”和“行业发展”两大核心，着力构建涵盖全城乡建设领域、建筑全寿命周期、全过程追溯的绿色发展体系，大力推动建设领域生态文明建设，深入开展建筑节能、绿色建筑工作。

1.1　工作总体情况

2018 年，重庆市住房和城乡建设委员会围绕国家和重庆市明确的建筑节能、绿色建筑重点任务，按照市委、市政府实施“生态优先绿色发展战略行动计划”和推进生态文明体制改革工作要求，研究制定了《重庆市城乡建设领域生态优先绿色发展专项实施方案(2018—2020 年)》，发布实施了《2018 年城乡建设领域生态优先绿色发展工作要点》等政策文件，统筹部署 2018 年度城乡建设领域生态优先绿色发展工作，明确建筑节能、绿色建筑目标任务，加强组织领导，创新工作机制、完善政策措施，强化技术支撑，壮大地方产业，加强监督管理。推动全市城镇新建民用建筑全面执行建筑节能强制性标准，新组织实施节能建筑 10 400.11 万 m^2、竣工 5 119.48 万 m^2，新组织实施绿色建筑 6908.25 万 m^2、竣工 2 062.13 万 m^2，完成既有公共建筑节能改造 136.9 万 m^2，新增可再生能源建筑应用面积 102.67 万 m^2，新增建筑节能材料(产品)备案 300 项，落实建筑节能与绿色建筑地方补助资金 5 075 万元。

2018 年，重庆市住房和城乡建设委员会组织开展了重庆市绿色建筑与节能工作实施情况专项检查，对全市 43 个区县城乡建设主管部门开展绿色建筑与节能管理工作的情况进行了检查，核查了各区县开展建筑能效(绿色建筑)测评的工作质量，随机抽查了 86 个在建绿色建筑与节能项目(占在建项目总量的 10%)的工程质量，在施工现场抽取了 6 类保温材料进行公开检测，并对检查情况进行了通报，对本次检查中发现的 25 个存在质量问题的项目下发了整改通知书，存在违法、违规行为的其他 13 个项目下发了执法建议书，由相关区县城乡建设主管部门对有关责任单位予以处罚并督促其限期整改，进一步提升绿色建筑的质量和水平。

2018年，重庆市住房和城乡建设委员会围绕住房和城乡建设部和重庆市的工作要求，各项工作成效明显，圆满完成年初确定的各项工作任务，实现绿色建筑量质齐升，绿色能源规模应用，既有公共建筑能效提升明显，绿色建材创新发展，能力建设不断加强，工作成效得到住房和城乡建设部的充分肯定，先后在全国绿色建筑及建筑能效提升工作座谈会、全国住房和城乡建设系统科技和产业化促进工作座谈会进行经验交流。

1.2 重点工作

1.2.1 强化新建建筑节能监管

一是在新建城镇建筑监管中严格执行建筑节能强制性标准，实现建筑设计、施工阶段执行节能强制性标准的“双百”目标。2018年，新组织实施节能建筑面积10 400.11万m^2、竣工5 119.48万m^2，累计竣工节能建筑面积约5.59亿m^2，约占全市城镇建筑面积(约9.70亿m^2)的57.63%。其中，主城中心区新建居住建筑自2008年1月1日起已全面执行节能65%的设计标准，2016年12月1日起已全面执行《居住建筑节能65%(绿色建筑)设计标准》(DBJ50-071—2016)，全市公共建筑2016年9月1日起已全面执行《公共建筑节能(绿色建筑)设计标准》(DBJ50-052—2016)，新建建筑节能水平逐步提高。二是在既有管理制度基础上，发布实施了《关于进一步加强在建建筑工程保温隔热材料质量和防火安全管理的通知》(渝建〔2018〕612号)，进一步加强建筑保温隔热材料质量和防火安全管理。三是组织完成《重庆地区超低能耗建筑技术(被动式房屋节能技术)适宜性及路线研究》配套能力建设项目，着力开展超低能耗建筑技术示范，重点打造的悦来展示中心(近零能耗、近零碳和超级绿色建筑)示范项目，实现设计阶段总体节能率、碳减排率和绿色建筑评价3个90分以上的目标，即将建成投用。

加强建筑节能强制性标准执行力度，强化建筑节能初步设计审查、信息公示、能效测评与标识等从设计、施工到交付使用全过程的闭合监管制度，推动全市城镇新建建筑节能标准执行率继续保持100%。

1.2.2 促进绿色建筑转型发展

一是按照标准强制的工作思路，严格执行《公共建筑节能(绿色建筑)设计标准》(DBJ50-052—2016)、《居住建筑节能65%(绿色建筑)设计标准》(DBJ50-071—2016)，全面推广绿色建筑，发布了《建筑节能(绿色建筑)工程施工质量验收规范》(DBJ50-255—2017)，结合“放管服”要求，加强绿色建筑标准执行过程的监管，针对节能施工关键环节开展技术指导和服务，加大施工图设计质量和施工图审查质量的抽查力度，对检查中发现的问题进行严格执法，确保绿色建筑工程质量。此外，修订《重庆市建筑能效(绿色建筑)测评与标识管理办法》及配套技术导则，根据行政审批制度改革有关工作要求实施联合验收、优化测评流程、精简申报资料、缩短审批时间。二是印发《关于改进和完善绿色建筑与节能管理工作的意见》（渝建〔2018〕618 号），进一步扩大绿色建筑设计标准执行范围，自 2019 年 1 月 1 日起重庆市主城区行政区域以外的区级人民政府所在地城市规划区内居住建筑项目应执行《居住建筑节能 65%（绿色建筑）设计标准》（DBJ50-071—2016），自 2020 年 1 月 1 日起重庆市县级人民政府所在地城市规划区内居住建筑项目应执行《居住建筑节能 65%（绿色建筑）设计标准》（DBJ50-071—2016）。三是积极落实绿色建筑激励政策。根据《重庆市绿色建筑项目补助资金管理办法》（渝建发〔2015〕59 号），按照建筑面积，对获得金级、铂金级绿色建筑标识的项目分别给予 25 元/m^2 和 40 元/m^2 的资金补助，发布了《关于完善重庆市绿色建筑项目资金补助有关事项的通知》（渝建发〔2017〕30 号），优化了激励政策，促进更高星级绿色建筑发展，2018 年有 3 个高星级绿色建筑项目获得补贴，共计 324.82 万元；同时，推动落实西部大开发税收减免政策，开发建设绿色生态住宅小区的项目企业可享受企业所得税减免 10%，按 15%缴纳。四是修订了《重庆市绿色生态住宅（绿色建筑）小区建设技术标准》及实施细则，发布了《关于进一步加强绿色生态住宅小区评价管理的通知》《关于执行〈绿色生态住宅（绿色建筑）小区建设技术标准〉（DBJ50/T-039—2018）有关事项的通知》（渝建〔2018〕431 号）和《关于进一步加强墙体自保温技术体系推广应用的通知》（渝建〔2018〕502 号），要求主城区新申报项目达到国家金级绿色建筑标准，严格控制容积率和建筑密度，鼓励装配式建筑、推广全装修住宅，强制建筑信息管理、绿色施工、墙体自保温技术应用，着力提升市民获得感、幸福感，通过技术路线优化和激励政策叠加，推进建筑产业现代化、绿色化、智能化融合发展。五是制定了《聚酯纤维复合卷材建筑楼面保温隔声系统应用技术标准》（DBJ50/T-297—2018）、《挤塑聚苯乙烯复合板建筑内保温系统应用技术标准》（DBJ50/T-075—2018）、《建筑采光屋面技术规程》（DBJ50/T-305—2018）、《民用建筑辐射供暖技术标准》（DBJ50/T-299—2018）等技术标准，进一步完善绿色建筑标准体系，为绿色建筑发展提供技术支撑，切实保障全市建筑绿色化工作顺利推进。六是认真落实住房和城乡建设部《关于进一步规范绿色建筑评价管理工作的通知》（建科〔2017〕238 号）要求，在既有绿色建筑管理机制基础上，进一步规范并强化绿色建筑评价标识管理，开发了绿色建筑网上评价系统，推动线上评价，制定了《绿色建筑现场勘查技术要点》《绿色生态住宅小区服务手册》，强化了评审专家队伍和咨询机构服务质量建设。六是指导两江新区抓紧推进国家悦来绿色生态城区建设，积极探索绿色低碳生态城市建设模式。通过上述措施，2018 年新组织实施绿色建筑 6 908.25 万 m^2，绿色生态住宅（绿色建筑）小区 2 829.75 万 m^2，新建城镇建筑执行绿色建筑标准的比例达到 66.42%，竣工绿色建筑 2 062.13 万 m^2，占竣工建筑的比例达到 40.28%，全年新增金级及以上绿色建筑项目 168.09 万 m^2，绿色建筑运行标识一个，建筑面积为 13 万 m^2。

完成从全面推行节能建筑到全面推行以“节能、节地、节水、节材和环境保护”为一体的绿色建筑的跨越，连续两年超过国家确定的绿色建筑占比 50%的目标，实现了绿色建筑量质齐升。

1.2.3　努力推动既有居住建筑节能改造

一是结合旧城区综合改造、城市市容整治，着力推动具备条件的既有居住建筑同步更换节能门窗、加装遮阳系统和采用围护结构保温隔热措施，2018年重庆市新增既有居住建筑节能改造面积近15.6万m^2。二是会同重庆市财政局发布了《重庆市既有居住建筑节能改造管理暂行办法》（渝建发〔2013〕34号），重庆市住房和城乡建设委员会负责全市改造项目的统筹协调和监督指导，重庆市建筑节能中心承担改造项目改造内容、改造面积复核，区县城乡建设主管部门负责本行政区域内改造项目的征集初审、监督实施，在中央财政补助资金基础上，落实了市级财政1∶1配套的补助政策，按照14元/m^2的标准进行资金补助。三是总结既有居住建筑节能改造经验，实施了重庆市《既有居住建筑节能改造技术规程》（DBJ50/T-248—2016）等技术标准十余项，为居住建筑节能改造提供了技术支撑。

1.2.4 圆满完成公共建筑节能改造重点城市建设任务

一是加强公共建筑节能监管体系建设，累计组织对1 717栋建筑进行了能耗统计，对681栋建筑进行了能源审计，对484栋公共建筑进行了能效公示，确定了既有公共建筑节能改造的重点单位；完成了《办公建筑能耗限额标准》，编制了《宾馆酒店能耗限额标准》《商场建筑能耗限额标准》，会同重庆市机关事务管理局率先推动机关办公建筑能耗限额管理。二是完善重庆市建筑能耗监测数据中心建设，要求全市公共建筑节能改造示范项目和新建公共建筑同步安装能耗分项计量装置并接入节能监管平台，2018年全市共有21栋建筑接入了节能监管平台，目前监测项目已达375栋；通过公开招标确定了1家专业的平台维护单位，确保平台稳定运行及监测数据质量可靠，实现监测建筑能耗数据稳定上传率90%以上，通过大数据收集分析和应用发布，促使公共建筑提高节能运行管理水平，培育建筑节能服务市场，为高能耗建筑的进一步节能改造创造条件。三是在住房和城乡建设部的大力支持下，会同重庆市财政局修订出台了《重庆市公共建筑节能改造示范项目和资金管理办法》（渝建发〔2016〕11号），编制发布了《重庆市公共建筑节能改造技术及产品性能规定》《重庆市公共建筑节能改造项目合同能源管理标准合同文本》等，强化示范项目质量控制管理，以机关办公、文化教育、医疗卫生、商场和宾馆饭店等建筑为重点，采用合同能源管理模式规模化推动公共建筑节能改造，在实施节能改造的基础上推广应用了室内新风、节能门窗、太阳能光伏等绿色化改造技术，全面完成第二批全国公共建筑节能改造重点城市建设350万m^2建设任务，《重庆提前完成第二批国家公共建筑节能改造重点城市建设任务》在《重庆日报》头版、住房和城乡建设部官网、市政府网、人民网、新华网、节能网等20余家媒体进行了宣传报道，住房和城乡建设部《中央城市工作会议精神落实情况交流第93期》专题刊载重庆市全面推动公共建筑节能改造工作。四是为推动公共建筑能效提升重点城市建设，重庆市住房和城乡建设委员会同重庆市财政局制定发布了《关于完善公共建筑节能改造项目资金补助政策的通知》（渝建〔2017〕675号），在国家示范结束后，市级财政资金对后续公共建筑节能改造项目继续给予补助支持，对节能率达到20%以上的项目给予20元/m^2的补助，对节能率为15%～20%的项目给予15元/m^2的补助。2018年组织实施完成公共建筑节能改造项目25个，共计136.9万m^2，拨付公共建筑节能改造重点城市示范项目补助资金2 787.84万元（地方资金2 699.465万元，中央资金

88.375 万元）。五是建成重庆文理学院等国家级节约型校园 6 所，已组织编制发布了重庆市《绿色医院建筑评价标准》（DBJ50/T-231—2015）。

以医院、商场、酒店等节能潜力大且与社会公众健康息息相关的公共建筑为重点，采用合同能源管理模式大力推动公共建筑节能改造示范，全面完成了第二批国家公共建筑节能改造重点城市任务，完成“十三五”能效提升重点城市 80%的目标任务，使既有公共建筑能效提升明显。

1.2.5　切实推进可再生能源建筑应用示范工作

一是完善了可再生能源建筑应用管理机制，修订发布了《重庆市可再生能源建筑应用示范项目和资金管理办法》（渝建发〔2017〕32 号），严格执行《公共建筑节能（绿色建筑）设计标准》（DBJ50-052—2016）“具备可再生资源利用和实施条件，单体建筑面积大于 50 000m^2（且）采用集中空调系统的高能耗公共建筑，应采用水源（或土壤源）等热泵技术进行供冷供热”的规定，发布了《可再生能源建筑应用不利条件专项论证审查要点（试行）》（渝建〔2017〕496 号），促进 5 万 m^2 以上的大型公共建筑因地制宜地采用可再生能源。2018 年，建成验收了江北嘴 CBD 400 万 m^2 国内最大江水源区域集中供冷供热项目和水土片区 485.85 万 m^2 “余热暖民”项目，大力培育新增示范项目，指导悦来生态城（320 万 m^2）、仙桃数据谷（120 万 m^2）完成方案设计，顺利启动了可再生能源、分布式能源区域集中供能项目建设，指导广阳岛、九龙半岛等新区做好区域集中供冷供热项目前期工作。全年新增可再生能源建筑应用面积 102.67 万 m^2，累计推动实施 1 264 万 m^2。二是完善了可再生能源建筑应用的技术支撑体系，制定发布了《燃气分布式能源建筑应用技术标准》（DBJ50/T-272—2017）、《空气源热泵应用技术标准》（DBJ50/T-301—2018），累计发布工程应用标准及标准设计 13 项。三是加强日常管理机构建设，重庆市住房和城乡建设委员会负责重庆市可再生能源建筑应用的组织协调，委托重庆市建筑节能中心承担日常管理工作。四是推动能效检测机构能力建设，目前重庆市已有重庆大学建设工程质量检验测试中心等 3 家省级民用建筑能效测评机构，共拥有 2 个国家级实验中心、4 个省部级实验中心。五是引导产业不断壮大，鼓励美的、海尔、格力、嘉陵等大中型企业加大产品研发投入，为推进可再生能源建筑应用提供有效的技术和产品保障，目前重庆市已形成水源热泵机组和多晶硅批量生产能力。六是重庆市已全面完成可再生能源建筑应用示范城市、可再生能源建筑应用示范县（云阳、巫溪）、镇（木洞）建设任务，已于 2016 年 6 月顺利通过住房和城乡建设部验收。

通过“财政激励、示范带动、强制推行”多措并举，推动形成以区域集中供冷供热为主要方向，以浅层地热能为主要技术类型的可再生能源建筑应用特色发展路子，实现了绿色能源规模应用。

1.2.6　全面推动绿色建材发展应用

按照“政策推动、标准支撑、分类推进、试评探路”的指导思路，以推动绿色建材产业发展和提升建筑绿色化水平为目标，从管理、技术、应用等方面，系统推进绿色建材发展。一是健全管理制度，会同重庆市经济和信息化委员会印发了《重庆市绿色建材评价标识管理办法》（渝建发〔2016〕38 号），建立了绿色建材评价标识管理制度，创建了主管部门、评价机构、行业协会三位一体的工作机制。二是构建绿色建材产品技术支撑体系，在发布实施重庆市《绿色建材评价标准》（DBJ50/T-230—2015）的基础上，会同重庆市经济和信息化委员会发布了预拌混凝土、建筑砌块（砖）等 8 类绿色建材分类评价技术导则和细则。三是建立工作体系，确定重庆市建筑节能中心为全市绿色建材评价标识日常管理机构，重庆市建设技术发展中心等 4 家单位为全市首批绿色建材评价机构，建立了绿色建材评价专家队伍；印发了《关于开展 2017 年预拌混凝土绿色建材评价标识工作的通知》（渝建〔2017〕427 号）、《关于开展建筑砌块（砖）和无机保温板材绿色建材评价标识申报工作的通知》（渝建〔2018〕197 号），率先在预拌混凝土行业，以及建筑砌块、保温板材行业开展评价标识工作；印发了《关于开展建筑砌块（砖）和无机保温板材绿色建材性能认定工作的通知》（渝建〔2018〕266 号）、《关于开展有机保温板材等绿色建材性能认定工作的通知》（渝建〔2018〕533 号），全面启动预拌混凝土、建筑砌块（砖）、无机保温板材、有机保温板材、建筑门窗、建筑玻璃、建筑门窗型材、轻质隔墙条板等材料的绿色建材性能认定工作。四是培育特色产业，培育新型墙材、节能门窗、保温板材等绿色节能建材企业 500 余家，2018 年新增节能建材产品 300 余项，认定绿色建材 273 项、星级绿色建材 59 项，绿色建材应用比例达到 40.28%；绿色节能建材产业产值初步统计近 245 亿元，上缴税金近 12 亿元。五是创新建设了智慧建材管理与信息共享平台并上线试运行，包含性能认定系统、评价标识系统和建筑产业现代化部品部件信息系统，实现了从申报到公告全过程信息化管理，为各方市场主体提供信息查询等服务，实现行业服务和信息共享功能。六是推动工程应用，将绿色建材推广应用要求纳入地方建筑节能（绿色建筑）设计、施工、验收、评价标准，有效推动绿色建材工程应用。

大力扶持民营建材企业发展绿色建材，引导行业转型升级。重庆市住房和城乡建设委员会报送的《关于支持民营经济发展推动建材行业转型升级的报告》被市委《信息专报》208 期采用，住房和城乡建设部王蒙徽部长和易军副部长对此做出了肯定性批示。住房和城乡建设部调研组还赴渝调研，认为重庆市住房和城乡建设委员会在扶持民营经济发展方面开拓创新，已形成工作体系，值得在全国推广学习。

1.3 主要工作措施

（1）创新工作保障体系。率先在全国建立起推动建筑节能与绿色建筑的政策法规、技术标准、产业发展、实施能力和社会参与五大体系，走出一条符合具有重庆特色的建筑节能技术管理路线。一是以《重庆市建筑节能条例》的贯彻落实为重点，不断完善相关配套政策，结合新形势，积极推进《重庆市绿色建筑管理办法》的立法工作，力争使建筑节能与绿色建筑各项工作做到有法可依。落实财政激励政策，2018 年落实建筑节能与绿色建筑地方专项资金 5 075 万元，有力保障了可再生能源建筑应用、既有建筑节能改造和建筑节能与绿色建筑日常管理等工作的开展。二是着力完善技术标准体系。2018 年以发展绿色建筑为重点，编制发布了《建筑采光屋面技术规程》(DBJ50/T-305—2018)等 6 项涵盖绿色建筑设计、施工、检测、验收和评价的系列标准；截至目前，累计发布建筑节能与绿色建筑技术标准 87 项、标准设计 37 项，形成了涵盖建筑节能与绿色建筑设计、施工、检测、验收、评价全过程和标准设计齐全配套的技术法规体系，为建筑节能与绿色建筑工作实施全过程监管提供了技术依据。同时，2018 年针对绿色建筑与节能领域面临的共性问题和关键技术，加大科技创新力度，以技术标准完善和机制体制创新为重点，全年面向全行业征集并组织实施《既有公共建筑绿色化改造技术标准》等 15 项配套能力建设项目，启动建筑保温与结构一体化技术研究示范，完成重庆市《建筑外墙节能技术路线提升研究》《绿色建筑法制基础研究》等 17 项配套能力建设项目，不断完善建筑节能与绿色建筑技术体系，并认真研究推进建筑绿色化与产业化、智能化融合发展的工作路径，推动研究成果在具体工作中的应用，系统谋划城乡建设领域绿色发展工作。三是加大地方建筑节能产业培育力度。按照因地制宜、协调发展的原则，通过节能技术备案管理等手段规范行业应用，不断壮大节能建材产业，形成了具有地方特色的产业集群，同时培育扶持了一批有规模、有实力、有影响的绿色建筑与建筑节能产业化示范基地，引导绿色节能建材产业向产业规模化、管理现代化、装备自动化和生产标准化的方向发展，逐步做大、做强重庆市绿色节能建材地方产业。四是着力加强行业实施能力建设，2018 年以绿色建筑强制性标准为重点，围绕绿色节能建筑实施过程中的关键环节，创新培训方式，建立网络培训平台，组织编制培训课件，采取专家现场授课与网络在线学习相结合的方式，按照监督管理人员、行业从业人员两个层次，有针对性地开展全市绿色建筑与节能工作培训，全年完成专项培训近 5 000 人次，组织 1 000 余人参加了重庆市建筑节能(绿色建筑)设计知识考试，提高了行业执行绿色建筑相关标准的能力。

(2)创新新建建筑节能监管机制。一是在设计阶段，创设了初步设计建筑节能专项审查制度和设计质量自审责任制度，达不到建筑节能强制性标准的项目不能通过初步设计审批及施工图设计审查。同时，设计单位在申报相应设计审查前，需经单位内部的建筑节能与绿色建筑设计质量自审机构自审合格；对经自审合格后的项目，仍存在设计质量差等问题的设计单位实施定期通报。二是在施工阶段，认真落实建筑节能信息公示制度，强化建筑节能重大设计变更管理，避免建设单位擅自修改通过审查的施工图设计文件；加强进场节能材料使用监管，保障建筑节能工程质量。三是在竣工验收阶段，在全国唯一创新建立了强制性的建筑能效测评与标识制度，要求所有新建民用建筑项目竣工前均通过建筑能效测评，未经建筑能效测评或建筑能效测评不合格的，不得组织竣工验收，不得交付使用。通过创新监管机制，实现了新建建筑节能的闭合管理，不仅加强了对建设各方主体的制度约束，保障了相关技术标准的有效落实，而且为消费者正确识别和选择节能与绿色建筑提供了权威信息。

(3)创新绿色建筑发展思路。按照激励引导和强制推广相结合的工作思路，建立实施了从单体建筑、住宅小区和生态城区 3 个层面推进绿色建筑发展的工作机制。一是把银级绿色建筑的技术要求作为强制性条文纳入现行建筑节能的设计、施工、验收等技术标准体系予以实施，将银级绿色建筑技术要求作为新建建筑全过程管理环节的重要内容，采用技术标准和行政监管相结合的模式，按照先主城后远郊、先公共建筑后居住建筑的原则，分区域、分阶段强制推行绿色建筑标准。二是将《绿色建筑评价标准》中与住宅建筑相关的条文全部纳入绿色生态住宅小区规程，要求生态小区住宅部分及其配套公共建筑均至少达到银级绿色建筑要求。三是发布了《关于加强绿色建筑评价标识管理有关事项的通知》(渝建〔2016〕394 号)，率先在全国提出了配套室内车库绿色发展的技术措施，并强化了对高星级绿色建筑和绿色生态住宅小区采用绿色建材、实施绿色施工的要求，积极推进高星级绿色建筑和绿色生态住宅小区发展。四是启动重庆市建设领域全面绿色发展研究，以实施生态优先绿色发展战略行动计划为引领，制定发布了《重庆市城乡建设领域生态优先绿色发展专项实施方案(2018—2020 年)》，着力构建全城乡建设领域、全建筑寿命周期、全生产过程追溯的绿色发展体系，加强工作机制和体制的创新，形成适宜重庆地区的绿色建筑与节能技术路线和工作机制，为推动生态文明建设做出贡献。

(4)创新既有建筑节能改造推进模式。在国内率先采用国际上通行的“节能效益分享型”合同能源管理模式推动既有建筑节能改造，完善示范项目管理制度，发布公共建筑节能改造技术规程、节能量核定办法等技术标准，实施了节能服务公司备案管理制度，培育发展了近 30 家专业化的节能服务公司和 3 家第三方节能量核定机构，探索建立了由城乡建设主管部门负责监督管理、项目业主单位具体组织、节能服务公司负责实施、第三方机构承担改造效果核定和金融机构提供融资支持的既有公共建筑节能改造新模式，为推动公共建筑节能改造市场化发展进行了有益探索。创新建立了改造项目实施前现状核查制度、实施过程影像记录制度、专家验收制度、节能量核定专家抽查制度、合同能源管理合同备案制度，健全了涵盖改造项目申报、实施、验收、效果核定、资金补助 5 个阶段的全过程监管制度，有效保障了改造项目实施质量及节能效果。

(5)创新可再生能源建筑应用技术管理方式。充分利用重庆市地表水资源总量丰富的优势，以水源热泵为重点，集中连片地推动可再生能源建筑规模化应用。在技术模式创新上，江北嘴 CBD 是目前世界上最大的采用江水源热泵复合冰蓄冷技术实施区域供冷供热的示范项目，弹子石 CBD 总部经济区率先在全国采用江水源热泵耦合天然气冷热电三联供分布式能源系统，水土片区率先采用工业余热复合水源热泵技术。在管理模式创新上，要求国家及重庆市可再生能源区域供冷供热项目范围内的新建公共建筑全部强制使用可再生能源，并率先在全国采用区域能源系统特许经营权的方式推动示范项目持续、稳定运营。

1.4 存在问题

虽然重庆市建筑节能、绿色建筑工作取得了阶段性成效，但对照国家及重庆市建筑节能、绿色建筑发展的新要求、新任务，仍存在一定差距，主要表现在以下几个方面。

(1)绿色建筑全覆盖发展还有“弱项”。受区域社会经济发展不平衡等因素制约，重庆市主城以外的居住建筑尚未强制执行绿色建筑标准；全市高星级绿色建筑特别是近零能耗等引领性建筑占比还不高，因地制宜地发展绿色建筑的任务还很艰巨。

(2)建筑全寿命周期绿色发展还有“短板”。建筑领域绿色发展应贯穿于建筑全寿命周期，虽然通过多年努力，重庆市已建立了绿色建材评价及应用推广机制和绿色建筑从设计、施工到竣工验收各阶段的规范标准及管理制度，但支撑绿色建筑发展的建筑材料和节能产品还不够丰富；以外墙自保温为主，适应产业化发展的外墙保温装饰一体化材料研发、生产、推广应用体系还有待完善；对建筑运营阶段缺乏有效管理手段，促进建筑绿色运营的管理机制还有待探索建立。

⑶建筑信息模型技术在建设全过程运用还未“闭合”。目前建筑信息模型技术应用仍处于分阶段推动应用过程中，设计、施工、运行各阶段壁垒尚未完全打通，各阶段统筹管理，一次设计全寿命周期应用的局面还未形成。

1.5　下一步计划

2019 年，重庆市住房和城乡建设委员会将在住房和城乡建设部的指导下，在市委、市政府的领导下，按照国家和重庆市的工作要求，深入推进建筑节能、绿色建筑工作，以实施“生态优先绿色发展战略行动计划”“以智能化为引领的创新驱动发展战略行动计划”和“城市提升行动计划”为牵引，着力构建全城乡建设领域、全建筑寿命周期、全生产过程追溯的绿色发展体系，加强工作机制和体制的创新，形成适宜重庆地区的建筑节能、绿色建筑技术路线和工作推进机制，确保重庆市建筑节能、绿色建筑继续保持全国领先，为推动生态文明建设做出贡献。

⑴确保完成各项目标考核任务。一是牵头推进“生态优先绿色发展战略行动计划”和生态文明体制改革涉及重庆市住房和城乡建设委员会的 7 项工作目标任务，加强住房城乡建设领域生态优先绿色发展工作成效宣传。二是配合市级部门牵头做好 2018 年度国家能耗总量和强度“双控”及控制温室气体排放涉及重庆市住房和城乡建设委员会的 11 项考核任务，有力有序地推进各项具体工作，确保圆满完成市委、市政府明确的各项目标考核任务。

⑵大力推动绿色建筑质量提升。一是以绿色建筑为依托，推进装配式建筑、全装修住宅和建筑信息模型等技术融合发展，确保绿色建筑全寿命周期效果。二是继续扩大绿色建筑标准强制执行范围，改进和完善绿色建筑和节能管理工作，加强事中事后监管，提升绿色建筑和节能工程实施质量，2019 年新建建筑执行绿色建筑标准的比例达到 65%以上。三是加强绿色生态住宅小区新标准的宣贯和新项目的培育，推广“菜单式”技术选型，推进“三化融合”发展，提升居民“获得感”。四是创新“工程示范先行，企业标准配套，地方标准建立，技术推广实施”的“保姆式”服务模式和“前台点菜，后台计算”的技术推广模式，进一步完善墙体自保温技术体系，推动全现浇建筑保温与结构一体化技术体系试点、示范，逐步丰富墙体自保温技术类型，加大经济适用安全绿色节能建筑技术路线推广力度。五是以实施“生态优先绿色发展战略行动计划”为指引，向重点区县及重点单位下达高星级绿色建筑发展目标任务，优化完善高星级绿色建筑发展激励措施，通过绿色生态住宅小区税收优惠政策推动金级绿色建筑规模化发展，通过财政补助资金激励政策推动铂金级绿色建筑高质量高水平示范。

(3)加快促进绿色建材推广应用。一是优化完善智慧建材管理信息平台，实现对绿色建材、部品构件等行业管理、推广应用和信息统计功能。二是扩大绿色建材评价种类和范围，结合建筑产业化、绿色化的发展要求，加快绿色建材标准编制，丰富绿色建材数量和种类；引导企业发展优质建材产品，培育优势企业。三是严格落实建筑节能工程能效测评、竣工验收、绿色建筑评价等工作环节中绿色建材应用要求，促进在绿色建筑和装配式建筑中的应用；加大对绿色建材宣贯培训，加强绿色建材动态监管，逐步扩大绿色建材应用范围，2019年新建建筑中绿色建材应用比例达到40%。

(4)积极推动绿色能源规模化应用。一是大力推动可再生能源区域集中供能特色发展，指导两江新区在2019年6月底前完成悦来生态城2号能源站建设，积极探索“江水源热泵+污水源热泵+分布式能源”多能互补技术集成应用路线，及时梳理总结“区域可再生能源+高星级绿色建筑+绿色生态城区”建设模式，指导渝北区推进仙桃数据谷燃气分布式能源区域集中供能项目建设。二是强化可再生能源建筑应用示范项目实施质量和建成项目运行管理，加强5万m^2以上大型公共建筑强制应用可再生能源的设计监管，2019年新增可再生能源建筑应用面积100万m^2。

(5)推动公共建筑绿色化改造与节能运行管理。一是制定发布了《公共建筑绿色化改造技术规程》，引导公共建筑在节能改造基础上实施以“节能、节水、环保、健康”为核心的绿色化改造，实现2019年新增既有公共建筑节能改造100万m^2。二是加强公共建筑能耗监测平台建设与运行维护管理，率先引导公共机构办公建筑开展节能运行管理示范。

第2章 重庆市绿色建筑专业委员会2018年度工作总结

2018 年，重庆市绿色建筑行业建设主要围绕机构建设与发展、绿色建筑评价标识、绿色建筑标准法规建设、科研创新发展、国际合作交流、推动区域绿色建筑发展等方面开展了卓有成效的工作，进一步促进了重庆市绿色建筑行业的积极蓬勃发展，为中国建筑业绿色化发展提供了坚定的技术支撑和行业服务。

2.1 重庆市绿色建筑专业委员会建设和发展情况

2.1.1 重庆市绿色建筑专业委员会建设与发展

重庆市绿色建筑专业委员会自2010年12月成立至今，一直秉承贯彻落实科学发展观，坚持政府引导、市场运作、因地制宜、技术支撑的原则，为大力发展绿色建筑、探索一条适合重庆实际的绿色建筑与评价道路，提升重庆建设品质、建设宜居重庆提供支撑而努力。2018 年，重庆市绿色建筑专业委员会已拥有重庆大学、中煤科工集团重庆设计研究院有限公司、中机中联工程有限公司、重庆市设计院、中冶赛迪工程技术股份有限公司、重庆市建筑科学研究院、重庆市绿色建筑技术促进中心、重庆德易安科技发展有限公司、重庆开元环境监测有限公司、重庆市风景园林科学研究院、重庆海润节能研究院、重庆迈尚环保科技有限公司、重庆市全城建筑设计有限公司、重庆筑巢建筑材料有限公司、重庆星能建筑节能技术发展有限公司、重庆汇贤优策科技股份有限公司、重庆利迪现代水技术设备有限公司、重庆绿能和建筑节能技术有限公司、重庆顾地塑胶电器有限公司、重庆升源兴建筑科技有限公司、格兰富水泵(重庆)有限公司、中国建筑科学研究院西南分院、重庆建工住宅建设有限公司、重庆科恒建材集团有限公司、重庆源道建筑规划设计有限公司 25 家团体会员，逐渐形成了汇聚一方行业领军企业、引领一方绿色建筑发展的态势。

2018 年，根据重庆绿色建筑专业委员会的发展需要，为进一步加强行业学会联系，更全面地整合资源，促进全民大力推进绿色建筑的局面，重庆市绿色建筑专业委员会确定了以重庆市住房和城乡建设委员会党组成员、副主任吴波为组长，重庆市住房和城乡建设委员会党组成员、总工程师董勇为副组长，成员包括重庆市住房和城乡建设委员会建筑节能处处长江鸿、重庆市住房和城乡建设委员会勘察设计处处长董孟能、重庆市住房和城乡建设委员会科技教育处处长张国庆、重庆市住房和城乡建设委员会建筑节能处副处长李克玉、重庆市住房和城乡建设委员会科技教育处副处长张军、重庆大学城市建设与环境工程学院教授刘宪英、中国建筑科学研究院副院长王清勤、中国建筑股份有限公司总工程师毛志兵等的顾问组，确定了以重庆大学城市建设与环境工程学院院长、教授李百战为主任委员，副主任委员包括曹勇、张京街、谢自强、谭平、王永超、张红川、石小波、丁小猷、周铁军、丁勇等新一届重庆市绿色建筑专业委员会组织成员，并确定了以曹勇兼任秘书长，丁勇兼任常务副秘书长，刘浩、刘猛担任副秘书长的秘书组，进一步加强重庆市绿色建筑专业委员会的发展实力，同时进一步整合了行业、学会的力量，为重庆市绿色建筑的大踏步发展奠定了坚实的基础。

2018 年，重庆市绿色建筑专业委员会组织建设的重庆市绿色建筑专业委员会微信公众号，全年共推送 139 条相关信息，关注人数 1 020 人，及时将行业信息和动态通过微信平台向行业传播，推送重庆市绿色建筑发展的最新资讯和重要通知，并提供咨询服务。

重庆市绿色建筑专业委员会为进一步提升重庆市绿色建筑与建筑节能监管水平和实施能力，进行人才培养和能力建设，组织开展了一系列培训研讨活动，加强团体会员之间的学习、经验交流；组织梳理典型示范工程、示范技术、推荐性产品，逐步建设完成覆盖各专业领域的重庆市绿色建筑推荐产品技术数据库，为重庆市绿色建筑提供强有力的技术支撑；结合绿色建筑行业信息化建设工作的推进，重庆市绿色建筑专业委员会启动了重庆市绿色建筑在线展示与评价平台，实现了重庆市绿色建筑项目的在线查询和绿色建筑标识评价的网络评审；发布了重庆市绿色建筑专业委员会 2019 年工作计划，深化绿色建筑交流，着力于绿色建筑质量，构建绿色建筑平台。

2018 年 12 月 16 日，重庆市建筑节能协会绿色建筑专业委员会暨重庆市土木建筑学会暖通空调专业委员会 2018 年度工作会议在重庆大学低碳绿色建筑国家级联合研究中心会议室组织召开，两个专业委员会的主任委员、副主任委员、委员、秘书组成员共计 20 余人参加了会议(图 2.1)。

通过整合资源、强化不同行业组织的沟通与联系，重庆市建筑节能协会绿色建筑专业委员会与重庆市土木建筑学会暖通空调专业委员会在主任委员、重庆大学李百战教授的带领下，在行业学会与协会的支持下，在科技创新研究、标准法规编制、项目标识评价、行业活动组织与国际交流等方面开展了大量卓有成效的工作，取得了众多阶段性成果，此次两个专业委员会联合年度工作会议的组织，更进一步强化了行业学会、社团组织间的相互交叉与融合。会议通报了两个专业委员会 2018 年的主要工作情况、2019 年的工作计划，通报了重庆市建筑节能协会绿色建筑专业委员会将变更为重庆市绿色建筑与建筑产业化协会绿色建筑专业委员会的对外用名；审议通过了增补中冶赛迪工程技术股份有限公司王卫民教授级高级工程师、中国煤炭科工集团重庆设计研究院李全教授级高级工程师、中机中联工程有限公司吴蔚兰教授级高级工程师、重庆大学陈金华教授为重庆市土木建筑学会暖通空调专业委员会副主任委员的决议，增补重庆大学喻伟副教授、李楠教授等为重庆市土木建筑学会暖通空调专业委员会委员的决议；通过了调整重庆市绿色建筑与建筑产业化协会副会长、重庆大学丁勇教授为重庆市绿色建筑与建筑产业化协会绿色建筑专业委员会秘书长的决议；讨论了 2019 年重庆市绿色建筑与建筑产业化协会绿色建筑专业委员会和西南地区绿色建筑基地年度表彰单位和个人事宜。

图 2.1　与会人员合影及会议现场

2.1.2　西南地区绿色建筑基地建设与发展

为更好地促进地区绿色建筑的发展，西南地区绿色建筑基地已拥有完善的组织构架。西南地区绿色建筑基地为推动适宜绿色建筑技术的应用，结合地区绿色建筑项目，广泛征集、筛选、整理了具有代表性的绿色建筑示范项目，完成了西南地区绿色建筑示范工程分布图，成为地区性绿色建筑示范中心；对西南基地覆盖区域内绿色建筑技术和产品进行分类筛选，初步建立了本地区适用技术、产品推荐目录；筹备建立绿色建筑技术产品数据库，颁布了绿色技术产品列表，成为地区性绿色建筑技术产品展示中心；组织绿色建筑关键方法和技术研究开发，成为地区性绿色建筑研发中心；组织各种专题研讨、培训活动，成为地区性绿色建筑教育培训中心；利用各种渠道组织开展国际交流和合作活动，形成地区性开展国际交流与合作的场所中心。

2.2　绿色建筑标识评价工作情况

2.2.1　绿色建筑评价标识

重庆市绿色建筑评价标识工作自 2011 年开始，其中 2009 年版重庆《绿色建筑评价标准》[1]自2011年12月执行到2015年4月，共完成64个项目，其中地方组织完成58个绿色建筑项目，国家标准组织完成6个项目，项目总面积为990.94万m^2。2014年版重庆《绿色建筑评价标准》[2]自2015年5月执行至今，共完成115个项目，其中地方组织完成81个绿色建筑项目，申报项目总面积为1 660.36万m^2。截至目前，重庆市绿色建筑标识申报项目数共151个，申报项目总面积为3 313.18万m^2。

2018年，重庆市绿色建筑专业委员会通过绿色建筑评价标识认证的项目共计20个，总建筑面积283.941万m^2。其中，工业建筑项目1个，总建筑面积11.60万m^2；公共建筑项目5个，总建筑面积28.67万m^2(铂金级项目3个，总建筑面积11.26万m^2)；居住建筑项目15个，总建筑面积243.65万m^2(铂金级项目1个，总建筑面积10.55万m^2；金级项目13个，总建筑面积221.5万m^2；银级项目1个，总建筑面积11.60万m^2)，其中的重庆南开两江学校与上东汇小区F83-1地块项目是首批次在线系统操作中评审完的绿色建筑项目，详细情况如表2.1所示。

表2.1 2018年度已完成评审的绿色建筑评价标识项目统计情况

评价等级	项目名称	建设单位	评审时间
铂金级	重庆交通大学双福校区西科所组团项目	重庆交通大学	2018年1月12日
铂金级	重庆会议展览馆二期	重庆悦来投资集团有限公司	2018年4月17日
铂金级	中科大厦	重庆晨升房地产开发有限公司	2018年8月29日
铂金级	寰宇天下B03-2地块工程(居住建筑)	重庆丰盈房地产开发有限公司	2018年2月6日
金级	西部信息技术应用研发总部项目	重庆智和地产有限公司	2018年1月23日
金级	凰城御府一期13～27号、47～58号(居住建筑部分)	重庆永南实业有限公司	2018年3月13日
金级	恒大绿岛新城E组团1～10号楼及地下车库	重庆同景共好置地有限公司	2018年3月21日
金级	远洋九曲河项目(居住建筑部分)	重庆远香房地产开发有限公司	2018年3月21日
金级	千年重庆·茅莱山居(东苑)	重庆普罗旺斯房地产开发有限责任公司	2018年4月13日
金级	侨城·紫御江山(居住建筑部分)	侨城地产集团有限公司	2018年4月13日
金级	华宇·温莎小镇(二期)	重庆业如房地产开发有限公司	2018年5月22日
金级	华宇·温莎小镇一期(居住建筑部分)	重庆业如房地产开发有限公司	2018年6月1日
金级	两江新区悦来组团C分区望江府一期(C50/05、C51/05)(居住建筑部分)	重庆碧桂园融创弘进置业有限公司	2018年7月12日
金级	名流印象44～54号楼及地下车库(居住建筑部分)	重庆名流置业有限公司	2018年7月12日
金级	星领地一期(居住建筑部分)	重庆业润房地产开发有限公司	2018年7月13日
金级	金科·星辰(居住建筑部分)	重庆金科房地产开发有限公司	2018年7月24日
金级	中交·锦悦一期项目(居住建筑部分)	重庆中交置业有限公司	2018年7月31日
金级	重庆南开两江学校	重庆两江新区新南教育信息咨询服务有限公司	2018年8月15日
金级	上东汇小区F83-1地块项目	重庆怡置招商房地产开发有限公司	2018年8月30日
银级	维龙西部跨境电商总部基地	维志(重庆)仓储服务有限公司	2018年4月10日

2018 年，重庆市绿色建筑专业委员会在启动绿色申报系统后首批次评完的项目为两个，在线系统中已申报正在评审的项目为 16 个(表 2.2)，项目总计 20 个，总建筑面积为 387.66 万 m^2。

表 2.2　2018 年度已申报在线系统评审的绿色建筑评价标识项目统计

评价等级	项目名称	建设单位	申报时间
金级	千年重庆•茅莱山居(住宅)8～10 号、16 号、17 号、29 号、35 号、36 号、41 号及地下车库	重庆普罗旺斯房地产开发有限责任公司	2018 年 8 月 23 日
金级	中交・锦悦三期 Q04-4/02 地块	重庆中交置业有限公司	2018 年 9 月 18 日
金级	金科・博翠天悦	重庆市璧山区金科众玺置业有限公司	2018 年 9 月 25 日
金级	洺悦府	重庆泛悦房地产开发有限公司	2018 年 9 月 25 日
金级	盛资尹朝社项目一期(大杨石 N02-4-1、N02-4-2 地块)(居住建筑部分)	重庆盛资房地产开发有限公司	2018 年 9 月 25 日
金级	林语春风(M01-4、M02-2 地块)建设工程	重庆康甬置业有限公司	2018 年 9 月 29 日
金级	万科沙坪坝区沙坪坝组团 B 分区 B12/02 号宗地项目	重庆峰畔置业有限公司	2018 年 10 月 9 日
金级	金辉城三期一标段(居住建筑部分)	重庆金辉长江房地产有限公司	2018 年 10 月 22 日
金级	国兴・天原(重庆原天原化工厂总厂项目)三期二标段项目北区主地块	重庆国兴置业有限公司	2018 年 10 月 25 日
金级	置铖荣华府(居住建筑部分)	重庆卓扬实业有限公司	2018 年 10 月 31 日
金级	万科蔡家项目 M14/03 地块	重庆星畔置业有限公司	2018 年 11 月 12 日
金级	俊豪城(西区)(居住建筑部分)	重庆璧晖实业有限公司	2018 年 11 月 13 日
金级	万科・金域华府	重庆金域置业有限公司	2018 年 11 月 20 日
银级	交投•香漫溪岸(1～7 号、11～14 号、17～21 号、23 号及部分车库)	重庆合绘房地产开发有限公司	2018 年 10 月 30 日
银级	重庆綦江万达广场	重庆綦江万达广场置业有限公司	2018 年 12 月 03 日
银级	北碚万达广场	重庆北碚万达广场置业有限公司	2018 年 12 月 03 日

2.2.2　绿色建筑咨询单位发展建设

1. 重庆市绿色建筑咨询单位情况

经重庆市绿色建筑专业委员会整理，2018 年在重庆市开展绿色建筑工程咨询的单位共计 48 家，已完成登记的单位 42 家(表 2.3)，其中 17 家已申报过评审项目。

表 2.3　重庆市绿色建筑咨询单位情况简表

序号	咨询单位名称	登记时间
1	中机中联工程有限公司(原机械工业第三设计研究院)	2017 年 1 月 5 日
2	中冶赛迪工程技术股份有限公司	2017 年 1 月 3 日
3	重庆市建筑节能协会	2017 年 1 月 3 日
4	重庆市建筑科学研究院	2017 年 1 月 10 日
5	重庆市设计院	2017 年 1 月 10 日
6	深圳市建筑科学研究院有限公司	2017 年 1 月 11 日

续表

序号	咨询单位名称	登记时间
7	重庆市勘察设计协会	2017年1月4日
8	中煤科工集团重庆设计研究院	2017年1月10日
9	重庆开元环境监测有限公司	2017年1月4日
10	君凯环境管理咨询(上海)有限公司	2017年1月4日
11	重庆海润节能研究院	2017年1月9日
12	中国建筑科学研究院上海分院	2017年1月18日
13	重庆星能建筑节能技术发展有限公司	2017年1月6日
14	中国建筑科学研究院西南分院	2017年1月3日
15	上海市建筑科学研究院	2017年1月10日
16	重庆市盛绘建筑节能科技	2017年1月10日
17	厦门市建筑科学研究院集团股份有限公司	2017年1月9日
18	重庆康穆建筑设计顾问有限公司	2017年1月13日
19	广东省建筑科学研究院集团股份有限公司	2017年1月3日
20	重庆博诺科技发展有限公司	2017年1月13日
21	重庆市绿色建筑技术促进中心	2017年1月13日
22	重庆市斯励博工程咨询有限公司	2017年1月4日
23	中国建筑技术集团有限公司重庆分公司	2017年1月3日
24	重庆同乘工程咨询设计有限责任公司	2017年1月10日
25	重庆升源兴建筑科技有限公司	2017年1月4日
26	重庆佰路建筑科技发展有限公司	2017年1月10日
27	重庆市建标工程技术有限公司	2017年1月4日
28	中国建筑西南设计研究院有限公司	2017年1月10日
29	重庆九格智建筑科技有限公司	2017年1月10日
30	重庆伟扬建筑节能技术咨询有限公司	2017年4月19日
31	重庆灿辉科技发展有限公司	2017年6月8日
32	重庆绿航建筑科技有限公司	2017年9月5日
33	北京清华同衡规划设计研究院有限公司	2017年11月12日
34	重庆科恒建材集团有限公司	2018年1月15日
35	重庆东裕恒建筑技术咨询有限公司	2018年4月9日
36	重庆迪赛因建设工程设计有限公司	2018年4月5日
37	重庆景瑞宝成建筑科技有限公司	2018年4月19日
38	重庆绿创建筑技术咨询有限公司	2018年7月5日
39	重庆绿境建筑设计咨询有限公司	2018年8月2日
40	重庆市钤创建筑设计咨询有限公司	2018年10月29日
41	重庆源道建筑规划设计有限公司	2018年10月29日
42	重庆大学	2018年10月29日
43	重庆市戈韵建筑设计咨询有限公司	未更新
44	重庆大德建筑设计有限公司	未更新
45	艾奕康咨询(深圳)有限公司北京分公司	未更新
46	重庆市同方科技发展有限公司	未更新
47	后勤工程学院建筑设计研究院	未更新
48	同方泰德(重庆)科技有限公司	未更新

2. 2018 年度绿色建筑咨询单位执行情况

根据重庆市绿色建筑专业委员会组织评审的统计信息，2018 年共有 17 个绿色建筑咨询单位参与绿色建筑技术咨询工作，共组织评审了 39 个绿色建筑评审项目，通过了 23 个项目。其中，按评价等级不同，可分为 3 个铂金级项目、31 个金级项目、5 个银级项目；按评价阶段不同，可分为 33 个设计阶段项目、4 个竣工阶段项目、2 个运行阶段项目(表 2.4)。

表 2.4　2018 年度各咨询单位咨询项目实施情况

序号	咨询单位	项目数量	评价等级			评价阶段		
			铂金级	金级	银级	设计	竣工	运行
1	中机中联工程有限公司	2	1	—	1	1	1	—
2	重庆绿能和建筑节能技术有限公司	3	—	3	—	3	—	—
3	重庆市斯励博工程咨询有限公司	5	—	5	—	5	—	—
4	重庆市设计院	3	—	2	1	3	—	—
5	重庆九格智建筑科技有限公司	1	—	1	—	1	—	—
6	重庆星能建筑节能技术发展有限公司	3	—	3	—	2	1	—
7	重庆市建标工程技术有限公司	1	1	—	—	1	—	—
8	重庆博诺圣科技发展有限公司	4	—	4	—	2	2	—
9	重庆灿辉科技发展有限公司	3	—	3	—	3	—	—
10	重庆升源兴建筑科技有限公司	4	—	4	—	4	—	—
11	重庆绿创建筑技术咨询有限公司	2	—	2	—	2	—	—
12	重庆景瑞宝成建筑科技有限公司	1	—	1	—	1	—	—
13	重庆市钤创建筑设计咨询有限公司	1	—	—	1	1	—	—
14	北京清华同衡规划设计研究院有限公司	2	—	—	2	—	—	2
15	重庆科恒建材集团有限公司	1	—	1	—	1	—	—
16	中煤科工集团重庆设计研究院有限公司	2	1	1	—	2	—	—
17	重庆东裕恒建筑技术咨询有限公司	1	—	1	—	1	—	—

2.3　发展绿色建筑的政策法规情况

为了规范行业发展，牢固树立创新、协调、绿色、开放、共享的发展理念，加快城乡建设领域生态文明建设，全面实施绿色建筑行动，促进重庆市建筑节能与绿色建筑工作深入开展，重庆市住房和城乡建设委员会在绿色建筑与建筑领域主要颁布了相关政策文件，不断完善体系，促进绿色建筑科学发展。

2018 年，国家和重庆市发布了一系列政策法规、技术标准，为绿色建筑的迅速发展提供了有力支撑和坚强保障。重庆市制定发布的相关政策文件、标准法规如下。

(1)《关于改进和完善绿色建筑与节能管理工作的意见》。

(2)《关于进一步加强在建建筑工程保温隔热材料质量和防火安全管理的通知》。

(3)《关于开展有机保温板材等绿色建材性能认定工作的通知》。

(4)《关于召开〈聚酯纤维复合卷材建筑楼面保温隔声系统应用技术标准〉宣贯培训会的通知》。

(5)《关于进一步加强墙体自保温技术体系推广应用的通知》。

(6)《关于印发〈重庆市公共建筑节能改造节能量核定办法〉的通知》。

(7)《关于印发〈2018年城乡建设领域生态优先绿色发展工作要点〉的通知》。

(8)《关于完善公共建筑节能改造项目资金补助政策的通知》。

(9)《关于发布〈重庆市绿色建材分类评价技术导则——无机保温板材〉和〈重庆市绿色建材分类评价技术细则——无机保温板材〉的通知》。

2.4 人才培养和能力建设情况

2.4.1 推广宣传会

2018年10月29日，由西南地区绿色建筑基地和中国城市科学研究会主办、中国建筑科学研究院有限公司重庆分院协办的国家标准《绿色生态城区评价标准》和学会标准《健康建筑评价标准》宣贯会在重庆大学组织召开。中国城市规划设计研究院副院长李迅、天津市建筑设计研究院副院长张津奕、中国城市科学研究会绿色建筑研究中心常务副主任孟冲、中机中联工程有限公司杨云铠、中国城市科学研究会绿色建筑研究中心韩沐辰、中国城市科学研究会绿色建筑研究中心盖铁静等参加了宣贯会并做了主题宣讲，西南地区绿色建筑基地执行秘书、重庆市建筑节能协会绿色建筑专业委员会副主任丁勇教授主持了会议，来自重庆、四川等地的行业专家、企业代表、在校学生共160余人参加了宣贯会(图2.2)。

图2.2 国家标准《绿色生态城区评价标准》和学会标准《健康建筑评价标准》宣贯会

2.4.2　交流研讨

为进一步促进绿色建筑的技术推广，扩大重庆市绿色建筑的发展影响，重庆市先后组织参与了一系列宣传推广、学术论坛和研讨活动，共同探讨现状、分享实施案例、开展技术交流。

2018 年 4 月 2～3 日，由中国城市科学研究会、广东省住房和城乡建设厅、珠海市人民政府、中美绿色基金、中国城市科学研究会绿色建筑与节能专业委员会和中国城市科学研究会生态城市研究专业委员会联合主办的第十四届国际绿色建筑与建筑节能大会暨新技术与产品博览会在珠海国际会展中心盛大开幕(图 2.3)，本次大会主题为“推动绿色建筑迈向质量时代”。其间，由中国城市科学研究会绿色建筑与节能委员会建筑室内环境学组组织的“绿色建筑与室内环境优化”论坛于 2018 年 4 月 3 日上午成功召开。

图 2.3　第十四届国际绿色建筑与建筑节能大会暨新技术与产品博览会

2018 年 8 月 23 日，由中国工程建设标准化协会组织、重庆大学主编的协会产品标准《多参数室内环境监测仪器》编制组成立暨第一次工作会议在重庆召开(图 2.4)。中国工程建设标准化协会朱荣鑫博士、吴伟伟工程师出席了编制会。重庆大学城市建设与环境工程学院丁勇教授、喻伟副教授，清华大学余娟高级工程师，中国建筑科学研究院有限公司主任闫国军高级工程师、谢琳娜高级工程师，国家建筑工程质量监督检验中心主任袁扬教授级高级工程师，上海市建筑科学研究院(集团)有限公司经理助理李旻雯高级工程师，广东省建筑科学研究院集团股份有限公司主任余鹏教授级高级工程师、戢太喜高级工程师，沈阳建筑大学陈爽教师，重庆市科学技术研究院孙怀义正高级工程师，天津大学建筑学院刘魁星讲师、任卓菲博士等专家参加了会议。

图 2.4　协会产品标准《多参数室内环境监测仪器》编制组成立暨第一次工作会议

2018年8月24日，由中国建筑节能协会组织、重庆大学主编的团体标准《公共建筑能源管理技术规程》编制组成立暨第一次会议在重庆召开。重庆市城乡住房和城乡建设委员会建筑节能处李克玉副处长，天津大学朱能教授，上海市建筑科学研究院杨建荣教授级高级工程师，中国建筑科学研究院有限公司重庆分院刘寿松工程师，广东省建筑科学研究院集团股份有限公司余鹏教授级高级工程师、戢太喜高级工程师，厦门市建筑科学研究院集团股份有限公司彭军芝教授级高级工程师、穆艳娟工程师，深圳万城节能股份有限公司曾江游总工程师，重庆图广盛科技有限公司总经理廖会志，重庆世博电子科技有限公司市场总监方学斌，同方泰德(重庆)科技有限公司技术总监何栋等参加了会议，标准主编、重庆大学丁勇教授受中国建筑节能协会杨西伟副秘书长委托主持了会议。

2018年8月30日，由重庆市住房和城乡建设委员会建筑节能处组织的绿色建筑现场技术研讨交流会在沙坪坝磁器口万科金域华庭项目部召开(图2.5)。重庆市住房和城乡建设委员会建筑节能处江鸿处长、李丹工程师，重庆市建设技术发展中心杨修明主任助理，重庆市绿色建筑专业委员会副主任兼常务副秘书长丁勇教授，重庆建工第三建设有限责任公司郭长春总工程师，中冶赛迪工程技术股份有限公司建筑设计研究院张陆润院长，以及来自重庆市建设技术发展中心、项目建设单位、施工单位的代表参加了现场交流会。

图2.5 重庆市住房和城乡建设委员会建筑节能处组织的绿色建筑现场技术研讨交流会

为进一步推动住房和城乡建设部/世界银行/全球环境基金会“中国城市建筑节能和可再生能源应用项目”的进展，2018年12月18日，住房和城乡建设部世行项目办在北京组织召开了“重庆市公共建筑能耗和能效信息披露制度试点实施工作研究”开题报告评审会(图2.6)。建筑节能与科技司国际科技合作处处长仝贵婵、世行项目办执行主任田永英、世行项目办李春艳和王尧等代表项目管理单位出席了会议，会议聘请了城镇化(北京)科技有限责任公司董事长冯蕾、住房和城乡建设部科技与产业化发展中心建筑节能数据监测处处长丁洪涛、天津大学教授田喆、中国建筑科学研究院高级工程师刘寿松、中国建筑节能协会副秘书长杨西伟、住房和城乡建设部建筑节能处胥小龙作为评审专家，项目承担单位代表重庆大学丁勇教授、吕婕参加了会议。

图 2.6　“重庆市公共建筑能耗和能效信息披露制度试点实施工作研究”开题报告评审会

2018 年 12 月 28 日，国家重点研发计划课题“既有公共建筑室内物理环境改善关键技术研究与示范”2018 年度工作会议在沈阳顺利召开(图 2.7)。沈阳建筑大学陈瑞三副校长、科技处王桂林处长出席了本次会议，课题负责人重庆大学丁勇教授，子课题单位中国建筑科学研究院有限公司谢琳娜高级工程师、朱荣鑫博士，广东省建筑科学研究院集团股份有限公司余鹏主任、罗运有高级工程师、戢太喜高级工程师、邹晓锐工程师，沈阳建筑大学张九红教授，以及课题主要研究人员参加了本次会议。

课题组随后进行了课题重要成果《既有公共建筑室内物理环境改善技术指南》(简称《指南》)的初稿讨论，针对既有公共建筑室内物理环境的现状梳理和问题明确等方面，对指南的内容框架进行了适当调整，增加了室内环境问题给人带来的危害性和既有建筑改造技术原理等章节，进一步丰富了指南内容，完善了指南的逻辑结构，明确了《指南》中示范案例的写法，确定了下一步的编写安排。

图 2.7　“既有公共建筑室内物理环境改善关键技术研究与示范”2018 年度工作会议

2.4.3　国际绿色建筑合作交流情况

为进一步推动我国绿色建筑国际化合作的深层次发展，2018 年重庆市进一步大力开展绿色建筑国际交流中心建设，并进行了多次国际合作与会议交流。

2018 年 3 月 24～26 日，绿色建筑发展国际研讨会在日本北九州市立大学组织召开。中国绿色建筑与建筑节能委员会王有为主任，浙江大学葛坚教授、赵康，南京工业大学吕伟娅教授，大连理工大学范悦教授、苏媛、吕阳，中国城市科学研究会绿色建筑研究中心郭振伟主任、何莉莎工程师，重庆大学刘红教授、丁勇教授、李楠教授、陈金华教授、喻伟副教授等来自中国和日本的 30 余名代表参加了会议(图 2.8)。

图 2.8　绿色建筑发展国际研讨会

2018 年 9 月 20 日，国际绿色建筑大会在新加坡金沙会议中心举行(图 2.9)，新加坡国家发展部部长黄循财出席大会并致辞，中国城市科学研究会绿色建筑与节能专业委员会王有为主任、李萍副秘书长出席大会。应新加坡建设局、新加坡绿色建筑委员会邀请，西南地区绿色建筑基地代表重庆市绿色建筑专业委员会副主任兼常务副秘书长、重庆大学丁勇教授，中国建筑西南设计研究院有限公司高庆龙副总工程师、南艳丽高级工程师，重庆市建筑节能协会张仕永总工程师，中煤科工集团重庆设计研究院有限公司刘军高级工程师、吴学荣高级工程师，重庆市风景园林科学研究院邹敏工程师，格兰富水泵(重庆)有限公司万晓云经理等组成的代表团参加了会议。

图 2.9　国际绿色建筑大会

2018 年 9 月 20 日，应新加坡能源集团邀请，西南地区绿色建筑基地代表重庆市绿色建筑专业委员会副主任兼常务副秘书长、重庆大学丁勇教授，格兰富水泵(重庆)有限公司万晓云经理，中国建筑西南设计研究院有限公司南艳丽高级工程师等参观了新加坡滨海湾能源中心，并与新加坡能源集团代表洪志强总经理进行了深入交流(图 2.10)。

图 2.10　参观新加坡滨海湾能源中心

2018 年 9 月 20 日，应新加坡建设局、新加坡绿色建筑委员会邀请，重庆市建筑节能协会绿色建筑专业委员会副主任兼常务副秘书长、重庆大学丁勇教授，中国建筑西南设计研究院有限公司高庆龙副总工程师等参观访问了新加坡国立大学和南洋理工大学，就校园绿色建设的关键要素进行了深入了解。

结合当前中国正在进行的绿色校园、绿色生态城区等区域化城市建设绿色发展，此次参观重点进行了校园布局特点、区域空间构建、建筑技术应用等特征的实地察看(图 2.11)。

图 2.11　校园绿色建设

2018年11月15日，由德国伍珀塔尔气候环境能源研究所主办，中国建筑节能协会、重庆市建筑节能协会等协办的“欧盟 SusBuild 可持续建筑绿色金融研讨会”在重庆成功举办(图 2.12)。住房和城乡建设部建筑节能与科技司建筑节能处林岚岚处长、中国建筑节能协会武涌会长、G20 国际能效合作伙伴关系组织 IPEEC 秘书长 Benoit Lebot 先生、中央财经大学绿色金融国际研究院助理施懿宸先生等出席了会议，来自德国、联合国环境规划署，以及北京、上海、云南、广州、青岛等地方和兴业、浦发等银行的从事建筑能效、建筑碳排放、绿色金融发展的 200 余名代表参加了会议。会议由欧盟 SusBuild 项目组组长夏纯主持(图 2.12)。

图 2.12　欧盟 SusBuild 可持续建筑绿色金融研讨会

2018年11月16～18日，由中国绿色建筑与节能(香港)委员会、香港中文大学中国城市住宅研究中心主办，香港中文大学建筑学院等协办，重庆市建筑节能协会绿色建筑专业委员会等支持的“第八届热带、亚热带地区绿色建筑技术国际论坛暨第九届绿色建筑技术发展论坛”在香港科学园成功举办(图 2.13)。中国城市科学研究会绿色建筑与节能委员会王有为主任、世界绿色建筑委员会冯宜萱董事、香港特别行政区政府环境局黄锦星局长等出席会议并做了主题演讲。为积极推动绿色建筑行业技术交流，重庆市建筑节能协会绿色建筑专业委员会组织重庆大学丁勇教授、黄小美副教授，中煤科工集团重庆设计研究院戴辉自高级工程师、吴思睿工程师参加了会议。大会由香港中文大学建筑学院邹经宇教授担任主席，中国城市科学研究会绿色建筑与节能委员会王有为主任在大会发言中指出了绿色建筑因地制宜的重要性，强调了在发展绿色建筑过程中在诸如装配式技术、低能耗建筑等方面要因地制宜地合理推进；香港特别行政区政府环境局黄锦星局长、中国建筑学会秘书长仲继寿教授、世界绿色建筑委员会冯宜萱董事等在大会上进行了演讲。重庆市建筑节能协会绿色建筑专业委员会副主任、重庆大学丁勇教授应邀在“热带、亚热带地区绿色建筑的发展与探索”论坛进行了《典型山地城市绿色建筑解决方案实例》的演讲。

图 2.13　第八届热带、亚热带地区绿色建筑技术国际论坛暨第九届绿色建筑技术发展论坛

2.5　绿色建筑标准科研情况

2.5.1　绿色建筑标准

为进一步加强绿色建筑发展的规范性建设，根据工作部署，重庆市组织参加编写完成了多部绿色建筑相关标准。

1. 行业协会标准

(1)《民用建筑绿色性能计算标准》。
(2)《绿色港口客运站建筑评价标准》。
(3)《办公建筑室内环境技术标准》。
(4)《长江流域低能耗居住建筑技术标准》。
(5)《多参数室内环境监测仪器》。
(6)《既有公共建筑室内环境分级评价标准》。
(7)《公共建筑能源管理技术规程》。

2. 重庆市相关标准

(1) 重庆市《机关办公建筑能耗限额标准》。
(2) 重庆市《公共建筑能耗限额标准》。
(3) 重庆市《绿色保障性住房技术导则》。
(4) 重庆市《建筑能效(绿色建筑)测评与标识技术导则》。

(5)重庆市《既有公共建筑绿色改造技术导则》。

(6)重庆市《公共建筑节能改造节能量认定标准》。

(7)重庆市《建筑能效(绿色建筑)测评与标识技术导则》(修订)。

(8)重庆市《空气源热泵应用技术标准》。

2.5.2 课题研究

2018年以来，重庆市针对西南地区特有的气候、资源、经济和社会发展的不同特点，广泛开展了绿色建筑关键方法和技术研究开发。

1. 国家级科研项目

(1)“十三五”国家重点研发计划项目“长江流域建筑供暖空调解决方案和相应系统”(项目编号：2016YFC0700300)，项目总经费12 500.00万元，其中专项经费4 500.00万元。

(2)“十三五”国家重点研发计划课题“基于能耗限额的建筑室内热环境定量需求及节能技术路径”(课题编号：2016YFC0700301)，课题总经费1 880.00万元，其中专项经费780.00万元。

(3)“十三五”国家重点研发计划课题“建筑室内空气质量运维共性关键技术研究”(课题编号：2017YFC0702704)，课题总经费450.00万元，其中专项经费250.00万元。

(4)“十三五”国家重点研发计划课题“既有公共建筑室内物理环境改善关键技术研究与示范”(课题编号：2016YFC0700705)，课题总经费1 142.00万元，其中专项经费420.00万元。

(5)“十三五”国家重点研发计划子课题“舒适高效供暖空调统一末端关键技术研究”(子课题编号：2016YFC0700303—2)，子课题总经费220.00万元，其中专项经费220.00万元。

(6)“十三五”国家重点研发计划子课题“建筑热环境营造技术集成方法研究”(子课题编号：2016YFC0700306—3)，子课题总经费170.00万元，其中专项经费170.00万元。

(7)“十三五”国家重点研发计划子课题“绿色建筑立体绿化和地道风技术适应性研究”(编号：2016YFC700103—05)，经费为10.00万元。

(8)“十三五”国家重点研发计划子课题“建筑室内空气质量与能耗的耦合关系研究”(子课题编号：2017YFC0702703—05)，子课题总经费20.00万元，其中专项经费20.00万元。

2. 承担地方级科研项目

重庆市绿色建筑与建筑节能工作配套能力建设项目包括以下几个方面。

(1)“绿色建筑实施质量与发展政策研究”。

(2)“重庆市绿色保障性住房技术导则”。

(3)“重庆市空气源热泵应用技术标准”。

(4)“重庆市机关办公建筑能耗限额标准”。

(5)“重庆市公共建筑能耗限额标准”。

(6)“重庆市公共建筑节能改造重点城市示范项目效果评估研究”。

(7)“重庆地区超低能耗建筑技术(被动式房屋节能技术)适宜性及路线研究”。

(8)重庆市“近零能耗建筑技术体系研究”。

(9)重庆市“绿色建筑室内物理环境健康特性研究”。

2.6　工作亮点及创新

2018 年，重庆市绿色建筑专业委员会在坚持自身稳定快速发展的同时，积极寻求自我突破与创新，主要表现在以下几方面。

(1)紧密结合地方建设行政主管部门与建设行业的需求，切实发挥管理、技术各个层面的支撑作用，实现了行业社会团体作用的有的放矢，服务地方行业产业发展。

(2)紧密结合国家科技发展部署，积极参与国家科技研发计划，切实将科研成果予以转化，实现了产学研一体化发展。

(3)积极开展国际交流，引进资源扩大合作，实现了绿色建筑发展理念的国际融合。

(4)结合绿色建筑行业信息化建设工作的推进，加强重庆市绿色建筑在线展示与评价平台，完善重庆市绿色建筑项目的在线查询和绿色建筑标识评价的网络评审。

(5)组织梳理典型示范工程、示范技术、推荐性产品，逐步建设完成覆盖各专业领域的重庆市绿色建筑推荐产品技术数据库。

2.7　2019 年工作计划

为全面贯彻国家生态文明建设要求，协助重庆市住房和城乡建设委员会全面深化建筑绿色发展的工作部署，重庆市建筑节能协会绿色建筑专业委员会在总结 2018 年工作的基础上，根据重庆市住房和城乡建设委员会建筑节能处的工作部署，结合中国城市科学研究会绿色建筑与节能委员会的工作要求，拟定 2019 年工作目标为构筑发展桥梁、全面推动建筑绿色发展，提升绿色建筑实施质量。重点做好以下几方面工作。

1. 完善标准体系建设

配合国家《绿色建筑评价标准》的修编和发布，组织完成重庆市《既有公共建筑绿色化改造标准》和重庆市《绿色建筑评价标准》的修订工作。

2. 深化标识评审组织

组织完成重庆市绿色建筑评价标识系统的评测，全面实行重庆市绿色建筑标识评审过程的信息化管理，实现重庆市绿色建筑标识线上评审。

3. 全方位深层次推进绿色建筑试点工作

继续开展重庆市绿色工业建筑标识评价试点工作，积极推进健康建筑、中国好建筑等试点示范工程。

4. 积极开展能力建设

开展重庆市绿色建筑评价技术指南、《绿色建筑评价标准》的宣传与培训，开展咨询机构绿色建筑实施能力培训。

5. 梳理技术路线和工程项目

结合针对重庆市绿色建筑开展的系列科研活动，继续深入开展重庆市适宜的建筑节能、绿色建筑技术分析，构建技术路线，筛选并打造典型示范工程项目。

6. 广泛开展国内外交流

结合西南地区绿色建筑基地的工作，积极开展与中国城市科学研究会绿色建筑委员会、重庆大学低碳绿色建筑国际联合中心等机构合作，加强绿色建筑国际化交流与互访。

7. 持续推进绿色建筑行业发展

根据中国城市科学研究会绿色建筑委员会的工作要求，与各成员单位配合，积极推进西南地区绿色建筑基地实质性发展；推进中国城市科学研究会绿色建筑委员会建筑室内环境学组建设。

参 考 文 献

[1] 重庆市工程建设标准. 绿色建筑评价标准(DBJ/T50-066—2009)[S]. 重庆：重庆市城乡建设委员会，2009.

[2] 重庆市工程建设标准. 绿色建筑评价标准(DBJ/T50-066—2014)[S]. 重庆：重庆市城乡建设委员会，2014.

作者：重庆市绿色建筑专业委员会李百战、丁勇、周雪芹

第3章　重庆市绿色建筑2018年度发展情况

3.1　重庆市绿色建筑发展总体情况

3.1.1　强制性绿色建筑标准项目情况

2018年重庆市范围内强制执行银级项目，总数量达到1 007个，总面积(总面积=居住建筑面积+公共建筑面积)达到6 117.23万m^2。其中，市管项目79个，总面积1 010.25万m^2；居住建筑418个，总面积3 287.04万m^2；公共建筑589个，总面积2 830.19万m^2。各地区项目数量如表3.1所示，项目区域分布图如图3.1所示。

表3.1　强制性绿色建筑标准项目情况统计

区域	强制执行绿色建筑项目		详细信息			
	项目数量/个	项目面积/万m^2	居住建筑		公共建筑	
			数量/个	面积/万m^2	数量/个	面积/万m^2
市管	79	1 010.25	28	330.89	51	679.36
两江新区	140	1 503.40	81	950.65	59	552.75
渝中区	6	18.08	1	6.50	5	11.58
渝北区	121	195.99	74	125.69	47	70.30
江北区	12	9.99	4	5.92	8	4.07
经开区	13	78.10	7	40.87	6	37.23
沙坪坝区	81	420.92	50	280.96	31	139.96
九龙坡区	60	195.94	36	125.65	24	70.29
北碚区	45	474.54	24	260.47	21	214.07
高新区	35	80.15	15	50.28	20	29.87
南岸区	39	319.86	25	205.31	14	114.55
大渡口区	45	276.12	21	198.14	24	77.98
巴南区	84	1 158.49	52	705.71	32	452.78
永川区	0	0.00	—	—	—	—
江津区	0	0.00	—	—	—	—
璧山区	12	28.66	—	—	12	28.66
铜梁区	9	18.21	—	—	9	18.21
潼南区	18	19.51	—	—	18	19.51
大足区	8	12.75	—	—	8	12.75
双桥经开区	0	0.00	—	—	0	0.00
荣昌区	26	50.08	—	—	26	50.08
合川区	0	0.00	—	—	—	—
綦江区	10	4.29	—	—	10	4.29
万盛经开区	1	0.49	—	—	1	0.49

续表

区域	强制执行绿色建筑项目		详细信息			
	项目数量/个	项目面积/万 m^2	居住建筑		公共建筑	
			数量/个	面积/万 m^2	数量/个	面积/万 m^2
涪陵区	7	5.35	—	—	7	5.35
长寿区	17	27.18	—	—	17	27.18
黔江区	6	14.60	—	—	6	14.60
南川区	0	0.00	—	—	0	0.00
武隆区	0	0.00	—	—	0	0.00
彭水县	6	7.13	—	—	6	7.13
酉阳县	0	0.00	—	—	—	—
秀山县	9	5.10	—	—	9	5.10
万州区	27	36.22	—	—	27	36.22
开州区	7	7.67	—	—	7	7.67
梁平区	4	6.00	—	—	4	6.00
垫江县	6	6.14	—	—	6	6.14
忠县	9	52.62	—	—	9	52.62
云阳县	0	0.00	—	—	—	—
奉节县	1	0.51	—	—	1	0.51
巫山县	8	9.32	—	—	8	9.32
巫溪县	4	11.52	—	—	4	11.52
城口县	4	2.80	—	—	4	2.80
丰都县	39	38.05	—	—	39	38.05
石柱县	9	11.20	—	—	9	11.20
合计	1 007	6 117.23	418	3 287.04	589	2 830.19

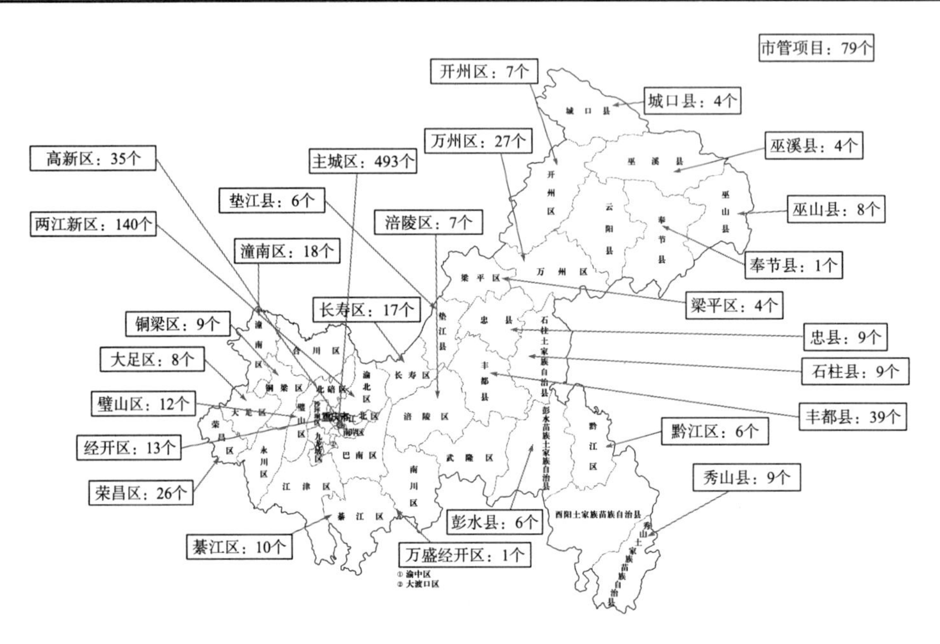

图 3.1　强制性绿色建筑标准项目区域分布图

审图号：渝 S(2018)038 号

3.1.2　绿色建筑评价标识项目情况

重庆市绿色建筑评价标识工作自 2011 年开始，其中 2009 年版重庆《绿色建筑评价标准》[1]自 2011 年 12 月执行到 2015 年 4 月，共完成 64 个项目。其中，地方组织完成 58 个绿色建筑项目，国家标准组织完成 6 个项目，项目总面积为 990.94 万 m^2。2014 年版重庆《绿色建筑评价标准》[2]自 2015 年 5 月执行至今，共完成 115 个项目。其中，地方组织完成 81 个绿色建筑项目，申报项目总面积为 1 660.36 万 m^2。截至目前，重庆市绿色建筑标识申报项目数共 151 个，申报项目总面积为 3 313.18 万 m^2。

2018 年，通过重庆市绿色建筑专业委员会组织评价的项目共计 23 个，总建筑面积 313.34 万 m^2。按建筑类型分类，工业建筑 1 个，总建筑面积 11.60 万 m^2；公共建筑 5 个，总建筑面积 28.67 万 m^2；居住建筑 17 个，总建筑面积 273.07 万 m^2。按项目等级分类，铂金级 4 个，总建筑面积 21.81 万 m^2；金级 18 个，总建筑面积 279.93 万 m^2；银级 1 个，总建筑面积 11.60 万 m^2。2018 年度各地区已完成评审的绿色建筑评价标识项目数量统计如表 3.2 所示，项目区域分布图如图 3.2 所示。

表 3.2　2018 年度各地区已完成评审的绿色建筑评价标识项目数量统计

编号	项目类型	项目名称	评价等级	标识类型	建筑面积/万 m^2
1	公共建筑	重庆交通大学双福校区西科所组团项目	铂金级	设计标识	4.81
2	公共建筑	西部信息技术应用研发总部项目	金级	设计标识	9.17
3	居住建筑	寰宇天下 B03-2 地块工程(居住建筑)	铂金级	竣工标识	10.55
4	居住建筑	凰城御府一期 13～27 号、47～58 号(居住建筑部分)	金级	设计标识	19.59
5	居住建筑	恒大绿岛新城 E 组团 1～10 号楼及地下车库	金级	设计标识	24.54
6	居住建筑	远洋九曲河项目(居住建筑部分)	金级	设计标识	35.07
7	工业建筑	维龙西部跨境电商总部基地	银级	设计标识	11.60
8	居住建筑	千年重庆・茅莱山居(东苑)	金级	设计标识	5.82
9	居住建筑	侨城・紫御江山(居住建筑部分)	金级	设计标识	13.46
10	公共建筑	重庆会议展览馆二期	铂金级	竣工标识	2.64
11	居住建筑	来新居・水岸国际南区	金级	设计标识	26.02
12	居住建筑	华宇・温莎小镇(二期)	金级	设计标识	9.37
13	居住建筑	华宇・温莎小镇一期(居住建筑部分)	金级	竣工标识	14.54
14	居住建筑	金科天湖印(D-03-01 号地块)	金级	设计标识	5.04
15	居住建筑	金科云玺台一、二期(居住建筑部分)	金级	设计标识	34.86
16	居住建筑	两江新区悦来组团 C 分区望江府一期(C50/05、C51/05)(居住建筑部分)	金级	设计标识	4.73
17	居住建筑	名流印象 44～54 号楼及地下车库(居住建筑部分)	金级	设计标识	19.24
18	居住建筑	星领地一期(居住建筑部分)	金级	竣工标识	11.75
19	居住建筑	金科・星辰(居住建筑部分)	金级	竣工标识	15.42
20	居住建筑	中交・锦悦一期项目(居住建筑部分)	金级	竣工标识	16.14
21	公共建筑	中科大厦	铂金级	设计标识	3.81

续表

编号	项目类型	项目名称	评价等级	标识类型	建筑面积/万 m^2
22	公共建筑	重庆南开两江学校	金级	设计标识	8.24
23	居住建筑	上东汇小区 F83-1 地块项目	金级	设计标识	6.93
总计	5 公共建筑 17 居住建筑 1 工业建筑	—	4 铂金级 18 金级 1 银级	17 设计 6 竣工	313.34

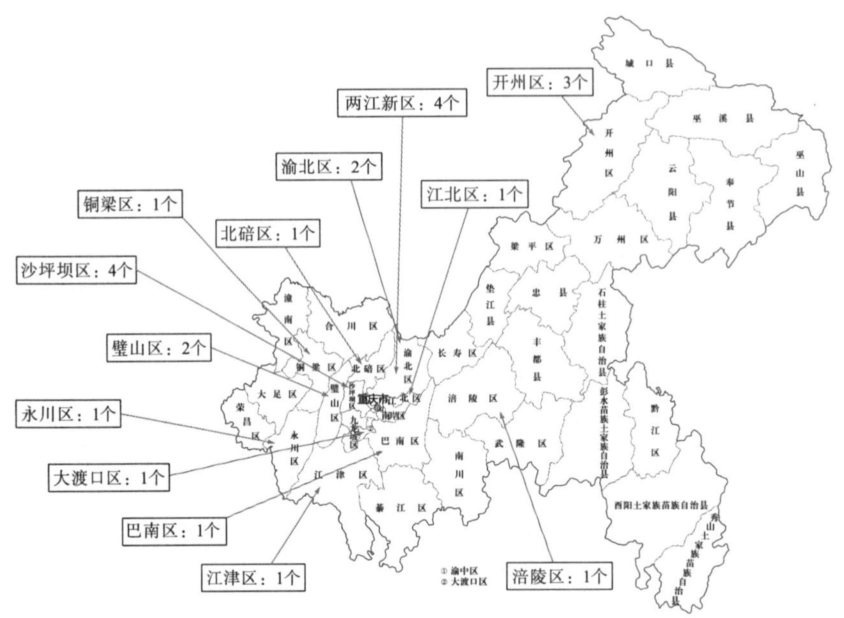

图 3.2 2018 年度绿色建筑评审项目区域分布图

审图号：渝 S(2018)038 号

重庆市绿色建筑评价标识工作自 2011 年开始，重庆市绿色建筑专业委员会共组织完成 151 个项目，按评价阶段分为 128 个设计阶段项目、19 个竣工阶段项目、4 个运行阶段项目，重庆市绿色建筑评价标识阶段比例如图 3.3 所示。

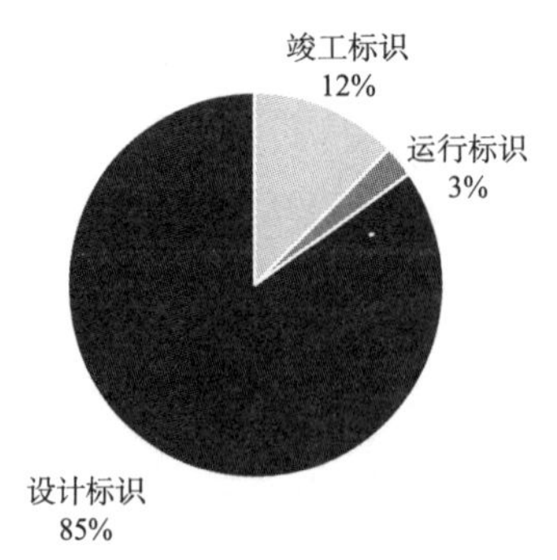

图 3.3 重庆市绿色建筑评价标识阶段比例

3.1.3 绿色生态小区标识项目情况

绿色生态小区是指在规划、设计、施工和运行各环节，充分体现节约资源与能源，减少环境负荷，创造健康舒适的居住环境，与周围生态环境协调的住宅小区。

2018 年，经重庆市建设技术发展中心组织评审，通过重庆市绿色生态小区评价的项目共 57 个，总面积 1229.63 万 m^2。各地区绿色生态小区标识项目数量统计情况如表 3.3 所示，项目区域分布图如图 3.4 所示。

表 3.3　绿色生态小区标识项目数量统计情况

项目区域	项目总数/个	评价阶段	总面积/万 m^2
涪陵区	2	设计	51.32
北碚区	9	设计	194.07
两江新区	16	设计	348.41
南岸区	5	设计	125.78
万州区	1	设计	34.39
江北区	2	设计	26.34
大渡口区	3	设计	82.33
巴南区	4	设计	92.44
沙坪坝区	3	设计	56.03
九龙坡区	2	设计	27.2
渝北区	1	设计	10.24
永川区	2	设计	43.11
开州区	2	设计	30.23
长寿区	1	设计	42.59
璧山区	1	设计	13.93
云阳县	1	设计	14.67
江津区	1	设计	22.56
潼南区	1	设计	13.99
合计	57	57 设计	1 229.63

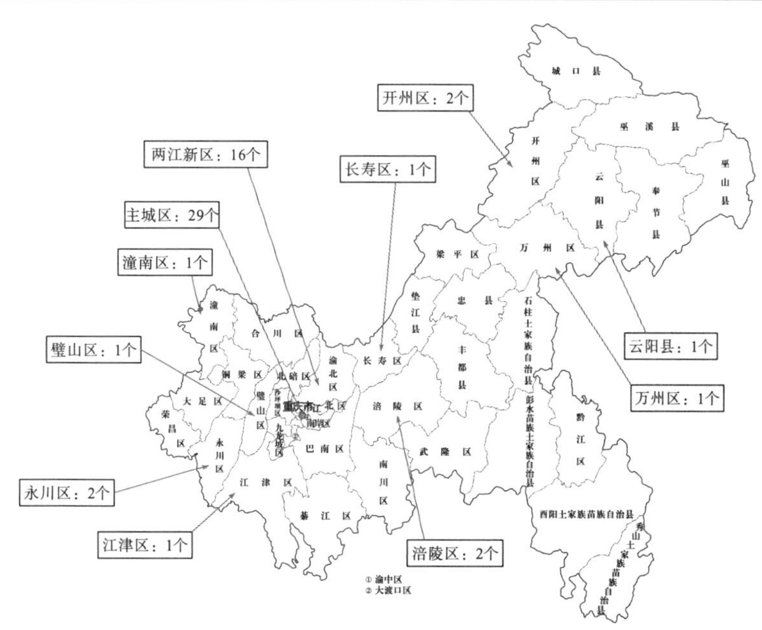

图 3.4　2018 年度生态小区评审项目区域分布图

审图号：渝 S(2018)038 号

3.2 重庆市绿色建筑项目咨询能力建设分析

3.2.1 咨询单位情况简表

截至2018年12月1日，经重庆市绿色建筑专业委员会统计整理，在重庆市开展绿色建筑工程咨询的单位共计48家，已完成登记备案的单位42家，其中17家已申报过评审项目，名单如表3.4所示。

表3.4 重庆市开展绿色建筑工程咨询单位登记时间表

序号	咨询单位名称	登记时间
1	中机中联工程有限公司(原机械工业第三设计研究院)	2017年1月5日
2	中冶赛迪工程技术股份有限公司	2017年1月3日
3	重庆市建筑节能协会	2017年1月3日
4	重庆市建筑科学研究院	2017年1月10日
5	重庆市设计院	2017年1月10日
6	深圳市建筑科学研究院有限公司	2017年1月11日
7	重庆市勘察设计协会	2017年1月4日
8	中煤科工集团重庆设计研究院	2017年1月10日
9	重庆开元环境监测有限公司	2017年1月4日
10	君凯环境管理咨询(上海)有限公司	2017年1月4日
11	重庆海润节能研究院	2017年1月9日
12	中国建筑科学研究院上海分院	2017年1月18日
13	重庆星能建筑节能技术发展有限公司	2017年1月6日
14	中国建筑科学研究院西南分院	2017年1月3日
15	上海市建筑科学研究院	2017年1月10日
16	重庆市盛绘建筑节能科技	2017年1月10日
17	厦门市建筑科学研究院集团股份有限公司	2017年1月9日
18	重庆康穆建筑设计顾问有限公司	2017年1月13日
19	广东省建筑科学研究院集团股份有限公司	2017年1月3日
20	重庆博诺科技发展有限公司	2017年1月13日
21	重庆市绿色建筑技术促进中心	2017年1月13日
22	重庆市斯励博工程咨询有限公司	2017年1月4日
23	中国建筑技术集团有限公司重庆分公司	2017年1月3日
24	重庆同乘工程咨询设计有限责任公司	2017年1月10日
25	重庆升源兴建筑科技有限公司	2017年1月4日
26	重庆佰路建筑科技发展有限公司	2017年1月10日
27	重庆市建标工程技术有限公司	2017年1月4日
28	中国建筑西南设计研究院有限公司	2017年1月10日

续表

序号	咨询单位名称	登记时间
29	重庆九格智建筑科技有限公司	2017 年 1 月 10 日
30	重庆伟扬建筑节能技术咨询有限公司	2017 年 4 月 19 日
31	重庆灿辉科技发展有限公司	2017 年 6 月 8 日
32	重庆绿航建筑科技有限公司	2017 年 9 月 5 日
33	北京清华同衡规划设计研究院有限公司	2017 年 11 月 12 日
34	重庆科恒建材集团有限公司	2018 年 1 月 15 日
35	重庆东裕恒建筑技术咨询有限公司	2018 年 4 月 9 日
36	重庆迪赛因建设工程设计有限公司	2018 年 4 月 5 日
37	重庆景瑞宝成建筑科技有限公司	2018 年 4 月 19 日
38	重庆绿创建筑技术咨询有限公司	2018 年 7 月 5 日
39	重庆绿境建筑设计咨询有限公司	2018 年 8 月 2 日
40	重庆市钤创建筑设计咨询有限公司	2018 年 10 月 29 日
41	重庆源道建筑规划设计有限公司	2018 年 10 月 29 日
42	重庆大学	2018 年 10 月 29 日
43	重庆市戈韵建筑设计咨询有限公司	未更新
44	重庆大德建筑设计有限公司	未更新
45	艾奕康咨询(深圳)有限公司北京分公司	未更新
46	重庆市同方科技发展有限公司	未更新
47	后勤工程学院建筑设计研究院	未更新
48	同方泰德(重庆)科技有限公司	未更新

3.2.2　绿色建筑评价项目汇总统计

重庆市绿色建筑评价标识工作自 2011 年开始，重庆市绿色建筑标识申报项目数共 168 个，其中重庆市绿色建筑专业委员会组织完成 151 个项目。申报项目按评价等级不同，可分为 10 个铂金级项目、113 个金级项目、45 个银级项目；按评价阶段不同，可分为 144 个设计阶段项目、18 个竣工阶段项目、6 个运行阶段项目；按建筑类型不同，可分为公共建筑 69 个、居住建筑 98 个、工业建筑 1 个。详细信息如表 3.5 所示。

表 3.5　各咨询单位已申报 168 个项目汇总

序号	咨询单位	总项目数量/个	评价等级/个			评价阶段/个		
			铂金级	金级	银级	设计	竣工	运行
1	中机中联工程有限公司	41	2	26	13	36	5	—
2	重庆博诺圣科技发展有限公司	22	—	19	3	17	4	1
3	重庆市建设技术发展中心	8	—	3	5	6	1	1
4	重庆星能建筑节能技术发展有限公司	11	—	10	1	8	3	—
5	中冶赛迪工程技术股份有限公司	6	1	5	—	3	1	2

续表

序号	咨询单位	总项目数量/个	评价等级/个			评价阶段/个		
			铂金级	金级	银级	设计	竣工	运行
6	重庆市斯励博工程咨询有限公司	11	—	9	2	11	—	—
7	重庆大学	5	1	3	1	3	2	—
8	重庆市绿色建筑技术促进中心	5	—	—	5	5	—	—
9	重庆市设计院	7	4	3	—	7	—	—
10	中国建筑技术集团有限公司重庆分公司	4	—	—	4	4	—	—
11	重庆市盛绘建筑节能科技发展有限公司	3	—	1	2	3	—	—
12	重庆市建筑节能协会	3	—	3	—	2	1	—
13	重庆绿能和建筑节能技术有限公司	6	—	5	1	6	—	—
14	重庆海润节能研究院	2	—	2	—	2	—	—
15	君凯环境管理咨询(上海)有限公司	2	—	1	1	2	—	—
16	重庆市建筑科学研究院	2	—	2	—	1	1	—
17	重庆佰路建筑科技发展有限公司	2	—	1	1	2	—	—
18	深圳市建筑科学研究院股份有限公司	2	—	—	2	2	—	—
19	华东建筑设计研究院有限公司技术中心	1	—	1	—	1	—	—
20	重庆康穆建筑设计顾问有限公司	1	—	1	—	1	—	—
21	重庆市勘察设计协会	1	—	1	—	1	—	—
22	重庆升源兴建筑科技有限公司	5	—	5	—	5	—	—
23	重庆绿航建筑科技有限公司	1	—	1	—	1	—	—
24	重庆伟扬建筑节能技术咨询有限公司	1	—	—	1	1	—	—
25	重庆灿辉科技发展有限公司	4	—	4	—	4	—	—
26	重庆九格智建筑科技有限公司	1	—	1	—	1	—	—
27	重庆市建标工程技术有限公司	1	1	—	—	1	—	—
28	重庆绿创建筑技术咨询有限公司	2	—	2	—	2	—	—
29	重庆景瑞宝成建筑科技有限公司	1	—	1	—	1	—	—
30	重庆市钤创建筑设计咨询有限公司	1	—	—	1	1	—	—
31	北京清华同衡规划设计研究院有限公司	2	—	—	2	—	—	2
32	重庆科恒建材集团有限公司	1	—	1	—	1	—	—
33	中煤科工集团重庆设计研究院有限公司	2	1	1	—	2	—	—
34	重庆东裕恒建筑技术咨询有限公司	1	—	1	—	1	—	—

3.2.3 绿色生态小区评价项目汇总统计

2018年度共有57个建设项目通过重庆市绿色生态住宅小区评价，主要由中煤科工集团重庆设计研究院有限公司、中机中联工程有限公司等16家咨询单位提供项目咨询，详细信息如表3.6所示。

表 3.6　绿色生态小区标识项目详细情况

序号	咨询单位	总项目数量/个	评价阶段/个		
			设计	竣工	运行
1	中煤科工集团重庆设计研究院有限公司	6	6	—	—
2	中机中联工程有限公司	12	12	—	—
3	重庆绿能和建筑节能技术有限公司	4	4	—	—
4	重庆市斯励博工程咨询有限公司	12	12	—	—
5	重庆绿境建筑设计咨询有限公司	1	2	—	—
6	重庆绿创建筑技术咨询有限公司	1	1		
7	重庆科恒建材集团有限公司	2	2	—	—
8	重庆佳良建筑设计咨询有限公司	3	3	—	—
9	重庆星能建筑节能技术发展有限公司	1	1	—	—
10	重庆升源兴建筑科技有限公司	4	4	—	—
11	重庆市建标工程技术有限公司	5	5	—	—
12	重庆隆杰盛建筑节能技术有限公司	2	2	—	—
13	杭州绿安建筑节能科技有限公司	1	1	—	—
14	重庆东裕恒建筑技术咨询有限公司	1	1	—	—
15	重庆迪赛因建设工程设计有限公司	1	1	—	—
16	重庆市盛绘建筑节能科技发展有限公司	1	1	—	—

3.2.4　咨询单位执行情况统计

根据对 2018 年 1 月 1 日～12 月 31 日申报重庆市绿色建筑评价标识项目的统计，共有 17 家咨询单位完成了 39 个绿色建筑项目的咨询工作，详细情况如表 3.7 所示。

表 3.7　2018 年度 17 家咨询单位完成的绿色建筑评价标识项目数量统计情况

序号	咨询单位	项目数量/个	评价等级/个			评价阶段/个		
			铂金级	金级	银级	设计	竣工	运行
1	中机中联工程有限公司	2	1	—	1	1	1	—
2	重庆绿能和建筑节能技术有限公司	3	—	3	—	3	—	—
3	重庆市斯励博工程咨询有限公司	5	—	5	—	5	—	—
4	重庆市设计院	3	—	2	1	3	—	—
5	重庆九格智建筑科技有限公司	1	—	1	—	1	—	—
6	重庆星能建筑节能技术发展有限公司	3	—	3	0	2	1	—
7	重庆市建标工程技术有限公司	1	1	—	—	1	—	—
8	重庆博诺圣科技发展有限公司	4	—	4	—	2	2	—
9	重庆灿辉科技发展有限公司	3	—	3	—	3	—	—
10	重庆升源兴建筑科技有限公司	4	—	4	—	4	—	—
11	重庆绿创建筑技术咨询有限公司	2	—	2	—	2	—	—

续表

序号	咨询单位	项目数量/个	评价等级/个			评价阶段/个		
			铂金级	金级	银级	设计	竣工	运行
12	重庆景瑞宝成建筑科技有限公司	1	—	1	—	1	—	—
13	重庆市钤创建筑设计咨询有限公司	1	—	—	1	1	—	—
14	北京清华同衡规划设计研究院有限公司	2	—	—	2	—	—	2
15	重庆科恒建材集团有限公司	1	—	1	—	1	—	—
16	中煤科工集团重庆设计研究院有限公司	2	1	1	—	2	—	—
17	重庆东裕恒建筑技术咨询有限公司	1	—	1	—	1	—	—

3.3 重庆市绿色建筑项目技术增量分析

3.3.1 绿色建筑评价标识项目主要技术增量统计

本次主要对各项目涉及的技术增量表现、评审项目技术投资增量数据进行统计和数据分析。数据信息来源于项目的自评估报告，根据统计梳理，主要涉及的技术增量如表3.8所示。

表3.8 项目主要技术应用频次统计

技术类型	技术名称	应用频次	建筑类型	2018年完成数量	2017年完成数量	2016年完成数量	2015年完成数量	对应等级
专项费用	绿建专项设计与咨询	3	公共建筑	—	1金级	2金级	—	3金级
	雨水专项设计	1	公共建筑	1金级	—	—	—	1金级
	模拟分析	2	居住建筑	—	1金级	—	1金级	2金级
	碳排放计算	1	公共建筑	—	1铂金级	—	—	1铂金级
	BIM设计	3	公共建筑	1铂金级	2铂金级	—	—	3铂金级
节水与水资源	绿化滴管节水技术	1	公共建筑	—	—	—	1金级	1金级
	雨水收集利用系统	57	12公共建筑 45居住建筑	1铂金级 14金级	1铂金级 15金级 2银级	9金级 1银级	10金级 4银级	2铂金级 48金级 7银级
	灌溉系统	58	12公共建筑 46居住建筑	3铂金级 13金级	3铂金级 15金级 4银级	7金级 2银级	9金级 2银级	6铂金级 44金级 8银级
	循环洗车台	2	公共建筑	—	—	1银级	1金级	1金级 1银级
	同层排水	1	居住建筑	—	—	—	1金级	1金级
	用水计量水表	2	公共建筑	—	1金级	—	1金级	2金级
	雨水中水利用	4	1公共建筑 3居住建筑	1铂金级 2金级	1金级	—	—	1铂金级 3金级
	节水器具	26	12公共建筑 14居住建筑	2铂金级 3金级	2铂金级 6金级 2银级	3金级 2银级	6金级	4铂金级 18金级 4银级
	餐厨垃圾生化处理系统	1	居住建筑	1铂金级	—	—	—	1铂金级

续表

技术类型	技术名称	应用频次	建筑类型	2018 年完成数量	2017 年完成数量	2016 年完成数量	2015 年完成数量	对应等级
	建筑 BA 系统	3	居住建筑	1 铂金级 2 金级	—	—	—	1 铂金级 2 金级
	绿色性能指标检测	1	居住建筑	1 铂金级	—	—	—	1 铂金级
	高压水枪	3	居住建筑	3 金级	—	—	—	3 金级
	车库隔油池	5	居住建筑	2 金级	2 金级 1 银级	—	—	4 金级 1 银级
电气	节能照明	23	4 公共建筑 19 居住建筑	1 铂金级 3 金级	1 铂金级 7 金级 1 银级	5 金级 1 银级	2 金级 2 银级	2 铂金级 17 金级 4 银级
	电扶梯节能控制措施	15	2 公共建筑 13 居住建筑	6 金级	3 金级 1 银级	3 金级 1 银级	1 金级	13 金级 2 银级
	分项计量配电系统	2	公共建筑	—	—	—	2 金级	2 金级
	高效节能灯具	29	9 公共建筑 20 居住建筑	7 金级	1 铂金级 5 金级 1 银级	5 金级 2 银级	4 金级 4 银级	1 铂金级 21 金级 7 银级
	智能化系统	10	9 公共建筑 1 居住建筑	—	2 金级 1 银级	4 金级 1 银级	2 金级	8 金级 2 银级
	照明目标值设计	7	2 公共建筑 5 居住建筑	—	2 金级	1 金级	4 金级	7 金级
	选用节能设备	32	7 公共建筑 25 居住建筑	—	1 铂金级 10 金级 2 银级	5 金级 4 银级	4 金级 6 银级	1 铂金级 19 金级 12 银级
	能源管理平台	1	公共建筑	—	1 铂金级	—	—	1 铂金级
	太阳光伏发电	2	公共建筑	1 铂金级	1 铂金级	—	—	2 铂金级
	建筑设备监控系统	1	公共建筑	—	1 铂金级	—	—	1 铂金级
	建筑能效监控系统	1	公共建筑	—	1 铂金级	—	—	1 铂金级
	信息发布平台	3	居住建筑	1 金级	2 金级	—	—	3 金级
	设备视频车位探测器	2	公共建筑	—	1 铂金级 1 金级	—	—	1 铂金级 1 金级
	反向寻车找车机	1	公共建筑	—	1 金级	—	—	1 金级
	导光筒	1	公共建筑	1 金级	—	—	—	1 金级
	节能变压器	8	居住建筑	8 金级	—	—	—	8 金级
	家居安防系统	3	居住建筑	1 金级	2 金级	—	—	3 金级
暖通空调	空调新风全热交换技术	7	4 公共建筑 3 居住建筑	—	2 金级	3 金级	2 金级	7 金级
	太阳能热水系统	1	公共建筑	—	—	—	1 金级	1 金级
	窗/墙式通风器	31	1 公共建筑 30 居住建筑	6 金级	6 金级 6 银级	7 金级 1 银级	4 金级 1 银级	23 金级 8 银级
	排风热回收	3	公共建筑	—	2 金级	—	1 金级	3 金级
	水蓄冷系统	1	公共建筑	—	—	1 金级	—	1 金级
	江水源热泵系统	2	公共建筑	—	1 金级	1 金级	—	2 金级
	高能效冷热源输配系统	4	3 公共建筑 1 居住建筑	1 铂金级	1 铂金级	1 金级 1 银级	—	2 铂金级 1 金级 1 银级
	地源热泵系统	2	公共建筑	—	2 铂金级	—	—	2 铂金级

续表

技术类型	技术名称	应用频次	建筑类型	2018年完成数量	2017年完成数量	2016年完成数量	2015年完成数量	对应等级
	户式新风系统	12	居住建筑	7金级	5金级	—	—	12金级
	高能效空调机组	1	公共建筑	1铂金级	—	—	—	1铂金级
	高效燃气地暖炉	1	居住建筑	1铂金级	—	—	—	1铂金级
	双速风机	1	居住建筑	1金级	—	—	—	1金级
	风机盘管	1	公共建筑	—	1金级	—	—	1金级
景观绿化	绿化遮阴	11	居住建筑	1金级	5金级 1银级	1银级	1金级 2银级	7金级 4银级
	活动外遮阳	4	3公共建筑 1居住建筑	—	1金级	1金级 1银级	1金级	3金级 1银级
	景观布置	1	居住建筑	—	—	—	1金级	1金级
	屋顶绿化	11	6公共建筑 5居住建筑	—	3金级	3金级	3金级 2银级	9金级 2银级
	透明部分可调外遮阳	1	公共建筑	1铂金级	—	—	—	1铂金级
	室外透水铺装	40	6公共建筑 33居住建筑 1工业建筑	11金级 1银级	6金级 3银级	5金级 1银级	9金级 4银级	31金级 9银级
建筑规划	外窗开启面积	9	居住建筑	1金级	4金级	1银级	1金级 2银级	6金级 3银级
	幕墙保温隔热	4	3公共建筑 1居住建筑	—	1铂金级 2金级	—	1金级	1铂金级 3金级
	三层幕墙	2	公共建筑	—	1金级	—	1金级	2金级
	高反射内遮阳	1	公共建筑	—	1铂金级	—	—	1铂金级
	可重复使用的隔墙	1	公共建筑	1铂金级	—	—	—	1铂金级
	车库/地下室采光措施	1	居住建筑	1金级	—	—	—	1金级
	三银玻璃	1	公共建筑	—	1铂金级	—	—	1铂金级
结构	高耐久混凝土	15	4公共建筑 11居住建筑	2金级	1铂金级 6金级	2金级	2金级 2银级	1铂金级 12金级 2银级
	采用预拌砂浆	4	1公共建筑 3居住建筑	1铂金级 1金级	1金级	—	1银级	1铂金级 2金级 1银级
声光环境	楼板PE隔声垫	1	居住建筑	—	—	1银级	—	1银级
	新型降噪管	3	居住建筑	1金级	—	1金级	1金级	3金级
	光导管采光技术	8	7公共建筑 1居住建筑	—	2铂金级 1金级	3金级	2金级	2铂金级 6金级
	绿色照明	1	公共建筑	—	—	—	1金级	1金级
空气质量	一氧化碳装置	37	11公共建筑 26居住建筑	1金级	2铂金级 13金级 4银级	8金级 2银级	7金级	2铂金级 29金级 6银级
	室内CO_2监测系统	18	5公共建筑 13居住建筑	11金级	1铂金级 1金级	2金级 2银级	1金级	1铂金级 15金级 2银级
	空气质量监控系统	4	公共建筑	1铂金级	1金级	—	2金级	1铂金级 3金级
	氡浓度检测	1	公共建筑	—	—	1金级	—	1金级

3.3.2　绿色建筑技术体系

自《绿色建筑评价标准》(DBJ50/T-006—2014)执行以来，通过评审获得绿色建筑标识的项目数量总计为 73 个，其中居住建筑居多，共计 45 个，公共建筑 18 个。评价标识阶段中设计阶段占比 91.8%，竣工阶段占比 6.8%左右，运行阶段占比为 1.4%。评价等级分布中，金级绿色建筑占主导，约 64.4%，其次是银级绿色建筑，占比 28.6%，铂金级绿色建筑占比 6.8%。

《绿色建筑评价标准》(DBJ50/T-006—2014)技术部分可分为节地与室外环境、节能与能源利用、节水与水资源利用、节材与材料资源利用、室内环境质量和提高项，本文对标准执行以来的项目中的技术选用率进行了统计计算，并针对每一种技术类型，对其常用技术、一般技术、少用技术数量和占比率进行了统计分析。由于目前评审通过的绿色建筑主要为公共建筑和居住建筑，因此将其分为公共建筑和居住建筑来进行技术梳理分析。

1. 公共建筑

对已通过评审的 18 个公共建筑技术选用率进行统计，并将整体技术选用率分布绘制如图 3.5 所示。绿色标准中评分项共有 89 项技术，当前项目中的选用率占比超过 80%的常用技术有 33 项，约占 37%；选用率低于 80%但高于 20%的一般技术有 32 项，约占 36%；占比低于 20%的少用技术有 24 项，约占总体的 27%。其中选用率为 100%的技术有照明设计避免光污染、场地风环境、便捷公共交通设施、合理设置停车场所、便捷公共服务、合理选择绿化方式及绿色植物等；选用率为 0 的技术有余热废热合理利用、地下温泉水利用、合理利用已有建筑物及构筑物、厨卫整体化定型设计等。

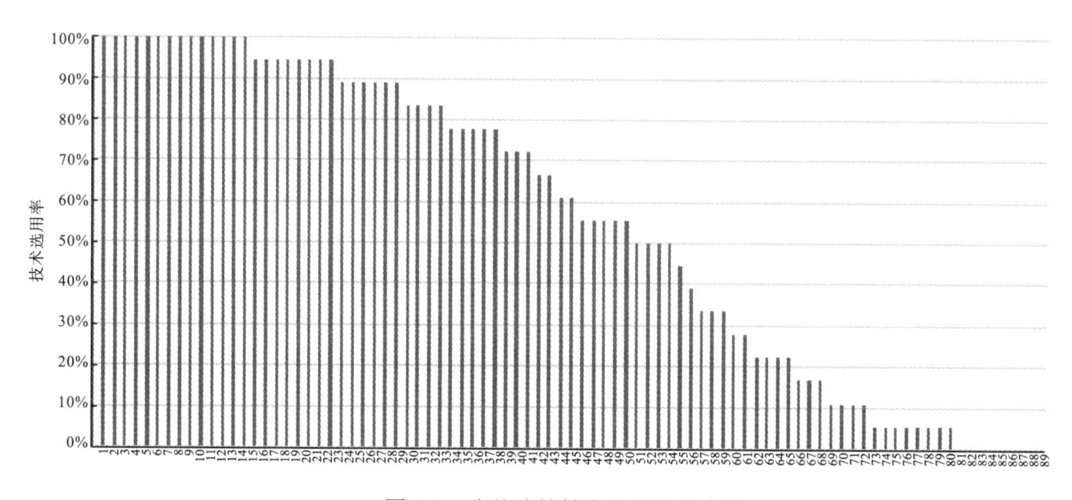

图 3.5　公共建筑技术选用率分布图

1-照明设计避免光污染；2-场地风环境；3-便捷公共交通设施；4-合理设置停车场所；5-便利公共服务；6-合理选择绿化方式及绿色植物；7-建筑体形、朝向等优化设计；8-照明节能控制措施；9-采取有效措施避免管网漏损；10-用水计量；11-冷却水系统采用节水技术；12-空调冷却水系统优化设计；13-高强建筑结构材料；14-优化建筑平面布局；15-优化室内气流组织；16-节约集约利用土地；17-合理设置绿化用地；18-无障碍设计；19-节能型电气设备；20-给水系统无超压出流；21-绿化灌溉采用节水灌溉方式；22-结合雨水利用设施设计景观水体；23-现浇混凝土采用预拌混凝土；24-绿色雨水基础设施；25-暖通空调系统能耗降低；26-照明功率密度值达到现行标准；27-建筑结构体系及构件优化；28-可再循环利用材料；29-室内噪声级达到现行标准；30-场地内环境噪声达标；31-使用较高效率节水器具；32-采光系数满足现行标准；33-改善自然通风效果；34-冷热源机组能效优于现行标准；35-电梯节能控制措施；36-非传统水源合理利用；37-主要功能房间隔声性能优化；38-地下车库一氧化碳监测；39-外立面围护结构有较大可开启面积；40-建筑形体规则优化；41-暖通空调系统末端独立调节；42-主要功能房间具有良好视野；43-室内空气质量监控系统；44-缓解城市热岛；45-可重复使用的隔墙和隔断；46-合理开发利用地下空间；47-场地设计与建筑布局合理；48-场地雨水外排总量控制；49-冷却水采用非传统水；50-改善建筑室内天然采光效果；51-可调新风比/全新风；52-其他节水技术；53-土建装修一体化；54-高耐久性建筑结构材料；55-可调节遮阳措施；56-合理选择优化暖通系统；57-排风能量回收系统设计合理；58-卫生器具的用水效率达到1级；59-BIM技术；60-有效节水措施；61-建筑碳排放降低；62-暖通水泵、风机性能达标；63-可再生能源合理利用；64-采用预拌砂浆；65-采取资源消耗少、环境影响小的建筑结构体系；66-外墙自保温；67-工厂化生产预制构件；68-冷、热源机组能效优于国家标准；69-围护结构热工性能提升；70-重要房间专项声学设计；71-空气处理措施+室内空气质量监控系统；72-采用新技术、新材料、新产品、新工艺；73-合理采用蓄冷蓄热系统；74-建筑平均日用水量达标；75-主要部位合理使用清水混凝土；76-选用本地建筑材料；77-耐久性好、易维护的建筑材料；78-围护结构热工性能提升；79-建筑方案特别合理科学；80-合理充分利用空调冷凝水；81-余热废热合理利用；82-地下温泉水利用；83-合理利用已有建筑物、构筑物；84-厨卫整体化定型设计；85-绿色建材；86-采用废弃物为原料生产的建筑材料；87-空气污染物浓度达标；88-合理选用废弃场地；89-合理采用分布式热电冷联供技术。

按照“节地、节能、节水、节材、室内环境质量”和“提高项”将上述技术进行统计归类，可得到公共建筑技术利用情况、特征分布表和分布图如表3.9、表3.10与图3.6所示。

表3.9 公共建筑项目技术利用情况

指标	常用技术	一般技术	少用技术
节地与室外环境	节约集约利用土地 合理设置绿化用地照明设计避免光污染 场地内环境噪声达标 场地风环境 便捷公共交通设施 无障碍设计 合理设置停车场所 便利公共服务 合理选择绿化方式及绿色植物 绿色雨水基础设施	合理开发利用地下空间缓解城市热岛 场地雨水外排总量控制 场地设计与建筑布局合理	—
节能与能源利用	建筑体形、朝向等优化设计 暖通空调系统能耗降低照明节能控制措施 照明功率密度值达到现行标准 节能型电气设备	外立面围护结构有较大可开启面积 冷热源机组能效优于现行标准 暖通水泵、风机性能达标 合理选择优化暖通系统 可调新风比/全新风 电梯节能控制措施 排风能量回收系统设计合理 可再生能源合理利用	围护结构热工性能提升 外墙自保温 合理采用蓄冷蓄热系统 余热废热合理利用
节水与水资源利用	采取有效措施避免管网漏损 给水系统无超压出流用水计量 使用较高效率节水器具	有效节水措施 其他节水技术 非传统水源合理利用	建筑平均日用水量达标 地下温泉水利用

续表

指标	常用技术	一般技术	少用技术
	绿化灌溉采用节水灌溉方式 冷却水系统采用节水技术 结合雨水利用设施设计景观水体 空调冷却水系统优化设计	冷却水采用非传统水	
节材与材料资源利用	建筑结构体系及构件优化 高强建筑结构材料 可再循环利用材料 现浇混凝土采用预拌混凝土	建筑体形规则优化 土建装修一体化 可重复使用的隔墙和隔断 采用预拌砂浆 高耐久性建筑结构材料	合理利用已有建筑物、构筑物工厂化生产预制构件 厨卫整体化定型设计 主要部位合理使用清水混凝土 选用本地建筑材料 耐久性好、易维护的建筑材料 绿色建材 采用废弃物为原料生产的建筑材料
室内环境质量	室内噪声级达到现行标准 优化建筑平面布局 采光系数满足现行标准 建筑优化设计改善自然通风效果 优化室内气流组织	主要功能房间隔声性能优化 主要功能房间具有良好视野 改善建筑室内天然采光效果 可调节遮阳措施 暖通空调系统末端独立调节 室内空气质量监控系统 地下车库 CO 监测 室内空气质量监测系统	重要房间专项声学设计
提高项		卫生器具的用水效率达到 1 级 采取资源消耗少、环境影响小的建筑结构体系 BIM 技术 建筑碳排放降低	围护结构热工性能提升 空气处理措施+室内空气质量监控系统 空气污染物浓度达标 建筑方案特别合理科学 合理选用废弃场地 采用新技术、新材料、新产品、新工艺 合理充分利用空调冷凝水 冷、热源机组能效优于国家标准 合理采用分布式热电冷联供技术

表 3.10　公共建筑技术特征分布表

技术类型	节地与室外环境		节能与能源利用		节水与水资源利用		节材与材料资源利用		室内环境质量		提高项	
	数量	比例	数量	比例	数量	比例	数量	比例	数量	比例	数量	比例
所有技术	15	—	17	—	14	—	17	—	13	—	13	—
少用技术	0	0%	4	24%	2	14%	8	47%	1	8%	9	69%
一般技术	4	27%	8	47%	4	29%	5	29%	7	54%	4	31%
常用技术	11	73%	5	29%	8	57%	4	24%	5	38%	0	0%

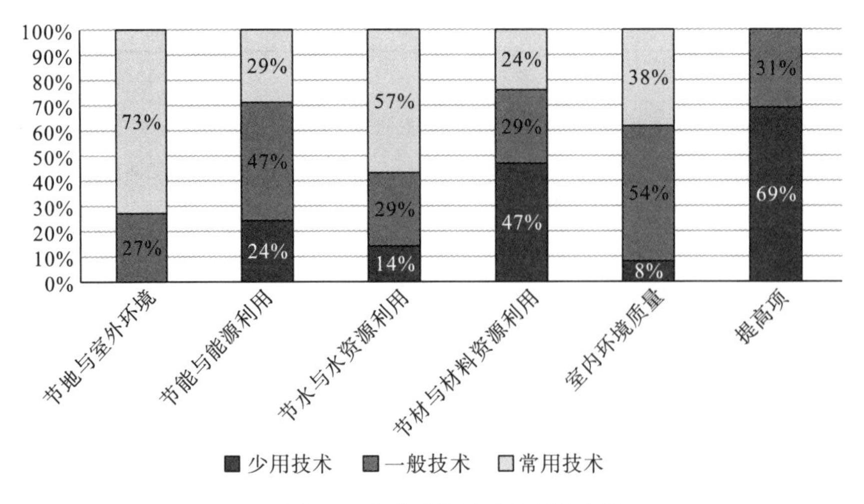

图 3.6　公共建筑技术特征分布图

从表 3.10 和图 3.6 可以看出，不同技术类型的技术特征有明显差异。常用技术数量最高的技术类型是节地与室外环境，达到 11 个，占比最高，达到 73%，节水与水资源利用次之，占比为 57%，提高项中无常用技术。与此同时，少用技术中，提高项占比最高，达到 69%，节材与材料资源利用次之，占比为 47%，节地与室外环境无少用技术。

2. 居住建筑

对已通过评审的 55 个居住建筑技术选用率进行统计，并将整体技术选用率分布绘制如图 3.7 所示。选用率占比超过 80%的常用技术有 36 项，约占 40%；相比于公共建筑，低于 80%但高于 20%的一般技术数量不足其一半，共计 15 项，约占 17%；占比低于 20%的少用技术数量多于公共建筑，共计 38 项，约占总体的 43%。其中选用率为 100%的技术有合理设置绿化用地、合理开发利用地下空间、场地风环境、便捷公共交通设施、合理选择绿化方式及绿色植物、照明节能控制措施等；选用率为 0 的技术有排风能量回收系统设置合理、合理采用蓄冷蓄热系统、余热废热合理利用、地下温泉水利用等。

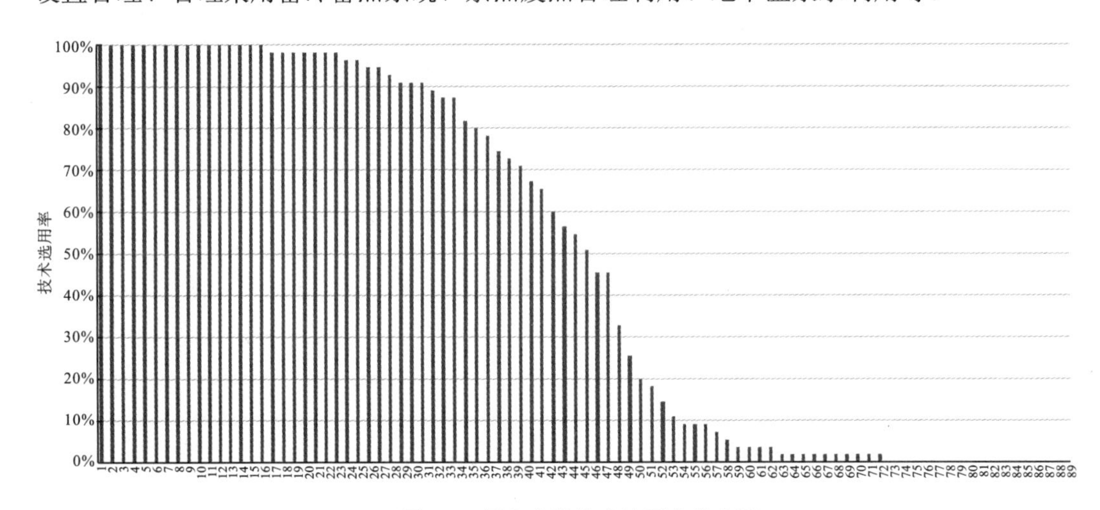

图 3.7　居住建筑技术选用率分布图

1-合理设置绿化用地；2-合理开发利用地下空间；3-场地风环境；4-便捷公共交通设施；5-合理选择绿化方式及绿色植物；6-照明节能控制措施；7-照明功率密度值达到现行标准；8-采取有效措施避免管网漏损；9-给水系统无超压出流；10-用水计量；11-冷却水采用非传统水；12-空调冷却水系统优化设计；13-建筑结构体系及构件优化；14-高强建筑结构材料；15-可再循环利用材料；16-现浇混凝土采用预拌混凝土；17-合理设置停车场所；18-便利公共服务；19-外立面围护结构有较大可开启面积；20-节能型电气设备；21-优化建筑平面布局；22-采光系数满足现行标准；23-改善自然通风效果；24-照明设计避免光污染；25-冷却水系统采用节水技术；26-场地内环境噪声达标；27-建筑形体规则优化；28-建筑体形、朝向等优化设计；29-缓解城市热岛；30-绿色雨水基础设施；31-优化室内气流组织；32-电梯节能控制措施；33-无障碍设计；34-绿化灌溉采用节水灌溉方式；35-非传统水源合理利用；36-主要功能房间具有良好视野；37-室内噪声级达到现行标准；38-节约集约利用土地；39-地下车库一氧化碳监测；40-结合雨水利用设施设计景观水体；41-主要功能房间隔声性能优化；42-暖通空调系统能耗降低；43-使用较高效率节水器具；44-场地设计与建筑布局合理；45-其他节水技术；46-场地雨水外排总量控制；47-高耐久性建筑结构材料；48-建筑优化设计改善自然通风效果；49-采用预拌砂浆；50-建筑碳排放降低；51-有效节水措施；52-卫生器具的用水效率达到 1 级；53-冷热源机组能效优于现行标准；54-选用本地建筑材料；55-外墙自保温；56-耐久性好、易维护的建筑材料；57-暖通空调系统末端独立调节；58-合理选择优化暖通系统；59-BIM 技术；60-暖通水泵、风机性能达标；61-土建装修一体化；62-厨卫整体化定型设计；63-采用废弃物为原料生产的建筑材料；64-围护结构热工性能提升；65-可调新风比/全新风；66-可再生能源合理利用；67-合理利用已有建筑物、构筑物；68-绿色建材；69-重要房间专项声学设计；70-空气处理措施+室内空气质量监控系统；71-空气污染物浓度达标；72-采用新技术、新材料、新产品、新工艺；73-冷、热源机组能效优于国家标准；74-排风能量回收系统设计合理；75-合理采用蓄冷蓄热系统；76-余热废热合理利用；77-建筑平均日用水量达标；78-地下温泉水利用；79-可重复使用的隔墙和隔断；80-工厂化生产预制构件 ；81-主要部位合理使用清水混凝土；82-可调节遮阳措施；83-室内空气质量监控系统；84-围护结构热工性能提升；85-采取资源消耗少、环境影响小的建筑结构体系；86-建筑方案特别合理科学；87-合理选用废弃场地；88-合理充分利用空调冷凝水；89-合理采用分布式热电冷联供技术。

同样，按照“四节一环保”的五大指标及“提高项”将上述技术进行归类，可得到居住建筑技术特征分布表和分布图，如表 3.11、表 3.12 与图 3.8 所示。

表 3.11　居住建筑项目技术利用情况

指标	常用技术	一般技术	少用技术
节地与室外环境	合理设置绿化用地 合理开发利用地下空间 照明设计避免光污染 场地内环境噪声达标 场地风环境 缓解热岛效应 便捷公共交通设施 无障碍设计 合理设置停车场所 便利公共服务 合理选择绿化方式及绿色植物 绿色雨水基础设施	节约集约利用土地 场地雨水外排总量控制 场地设计与建筑布局合理	—
节能与能源利用	建筑体形、朝向等优化设计 外立面围护结构有较大可开启面积 照明节能控制措施 照明功率密度值达到现行标准 电梯节能控制措施 节能型电气设备	暖通空调系统能耗降低	围护结构热工性能提升 外墙自保温 冷热源机组能效优于现行标准 暖通水泵、风机性能达标 合理选择优化暖通系统 可调新风比/全新风

续表

指标	常用技术	一般技术	少用技术
			排风能量回收系统设计合理 合理采用蓄冷蓄热系统 余热废热合理利用 可再生能源合理利用
节水与水资源利用	采取有效措施避免管网漏损 给水系统无超压出流 用水计量 绿化灌溉采用节水灌溉方式 冷却水系统采用节水技术 非传统水源合理利用 冷却水采用非传统水 空调冷却水系统优化设计	有效节水措施 使用较高效率节水器具 其他节水技术 结合雨水利用设施设计景观水体	建筑平均日用水量达标 地下温泉水利用
节材与材料资源利用	建筑体形规则优化 建筑结构体系及构件优化 采用高强建筑结构材料 采用可再循环利用材料 现浇混凝土采用预拌混凝土	建筑砂浆采用预拌砂浆 采用高耐久性建筑结构材料	土建装修一体化 合理利用已有建筑物、构筑物 可重复使用的隔墙和隔断 工厂化生产预制构件 厨卫整体化定型设计 主要部位合理使用清水混凝土 选用本地建筑材料 采用耐久性好、易维护的建筑材料 采用绿色建材 采用废弃物为原料生产的建筑材料
室内环境质量	优化建筑平面布局 主要功能房间具有良好视野 采光系数满足现行标准 建筑优化设计改善自然通风效果 优化室内气流组织	室内噪声级达到现行标准 主要功能房间隔声性能优化 改善建筑室内天然采光效果 地下车库CO监测	重要房间专项声学设计 可调节遮阳措施 暖通空调系统末端独立调节 室内空气质量监控系统
提高项	—	建筑碳排放降低	围护结构热工性能提升 卫生器具的用水效率达到1级 采取资源消耗少、环境影响小的建筑结构体系 空气处理措施+室内空气质量监控系统 空气污染物浓度达标 建筑方案特别合理科学 合理选用废弃场地 BIM技术 采用新技术、新材料、新产品、新工艺 合理充分利用空调冷凝水 冷、热源机组能效优于国家标准 合理采用分布式热电冷联供技术

表3.12 居住建筑技术特征分布表

技术类型	节地与室外环境		节能与能源利用		节水与水资源利用		节材与材料资源利用		室内环境质量		提高项	
	数量	比例	数量	比例	数量	比例	数量	比例	数量	比例	数量	比例
所有技术	15	—	17	—	14	—	17	—	13	—	13	—
少用技术	0	0%	10	59%	2	14%	10	59%	4	31%	12	92%
一般技术	3	20%	1	6%	4	29%	2	12%	4	31%	1	8%
常用技术	12	80%	6	35%	8	57%	5	29%	5	38%	0	0%

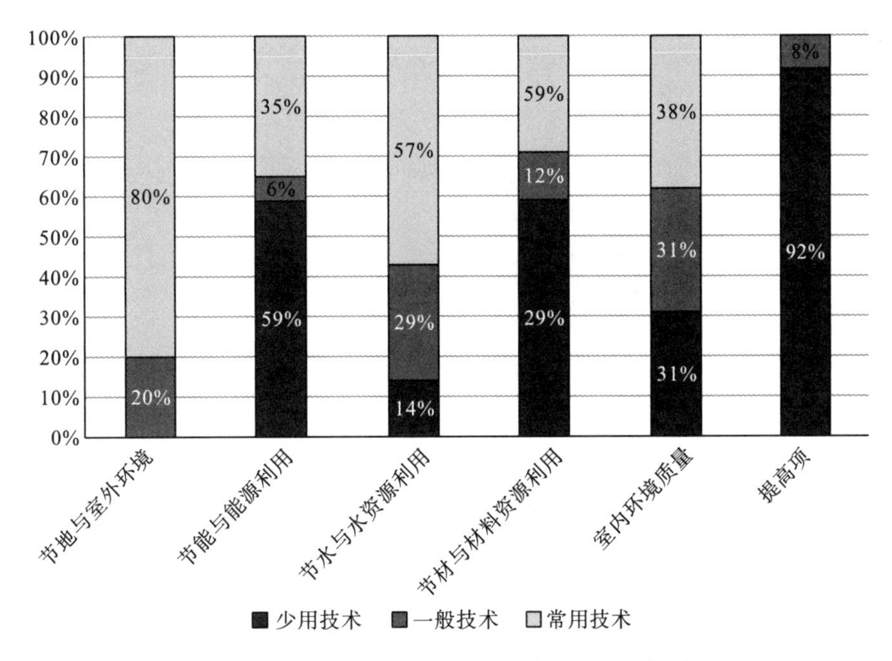

图 3.8　新版绿色居住建筑技术特征分布图

从表 3.12 和图 3.8 可以看出，与公共建筑一样，节地与室外环境中常用技术数量达到 12 个，占比最高，达到 80%，节水与水资源利用次之，达到 57%，提高项无常用技术。居住建筑中，与公共建筑不同之处在于各技术类型中的一般技术和少用技术的比例发生明显变化，较之公共建筑，居住建筑各技术类型中少用技术比例明显增加，与之同时一般技术比例显著降低。例如，提高项中，居住建筑少用技术和一般技术占比分别为 92% 和 8%，而公共建筑少用技术和一般技术占比分别为 69%和 31%；室内环境质量中，居住建筑少用技术和一般技术占比分别为 31%和 31%，而公共建筑少用技术和一般技术占比分别为 8%和 54%。

3.3.3　绿色生态住宅小区技术体系

自 2005 年起，重庆市绿色生态住宅小区建设取得显著成效。截至 2018 年 12 月 31 日，已建成生态小区项目(通过竣工评价)163 个，总面积 3 700 万 m^2。为了总结经验，为后续项目建设提供参考，以下对已竣工的 163 个生态小区项目的典型技术进行总结分析，并结合《绿色生态住宅(绿色建筑)小区建设技术标准》(DBJ/T50-039—2018)和相关管理文件，提出《绿色生态住宅(绿色建筑)小区建设技术标准》实施后生态小区的适宜技术路线。

1. 既有生态小区典型技术应用

从服务便捷、健康舒适、环境宜居、安全耐久、资源节约、管理与创新 6 个方面对已建成的 163 个生态小区项目应用的技术进行总结分析，根据项目的资源条件和总体定位，总计应用技术类型近 120 项，其中资源节约类技术措施占 30%，健康舒适类技术措施占

22%，环境宜居类技术措施占 14%，安全耐久类占 9%，服务便捷类和管理与创新类措施分别占 12%、13%，如图 3.9 所示。

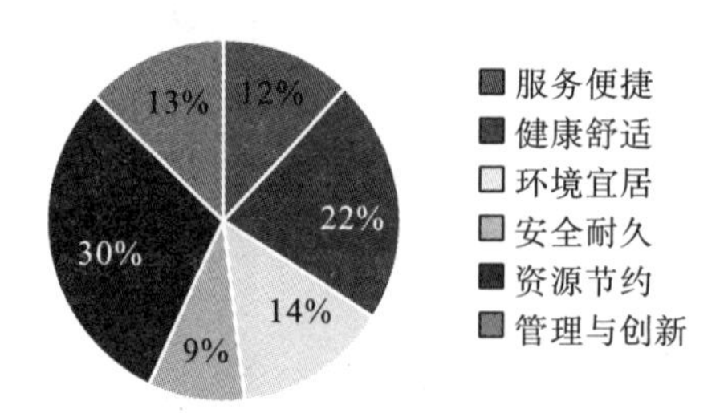

图 3.9 各类别典型技术分布图

(1) 服务便捷。

生态小区的服务便捷性指标主要体现在出行便利、公共服务、全龄友好、智慧服务 4 个方面，主要由以场地无障碍设计、无障碍住房设置为主的全龄友好措施，以合理设置停车场所、便利的公共交通设施为主的出行便利措施，以便利的公共服务配套、便捷联系城市开放空间、配套医疗卫生设施为主的公共服务措施，以及有线电视、光纤到户、小区安防系统、家居安防系统、信息化应用系统等为主的智慧服务设施组成的 14 项典型技术应用措施，占该类指标技术应用措施的 93%，如图 3.10 所示。

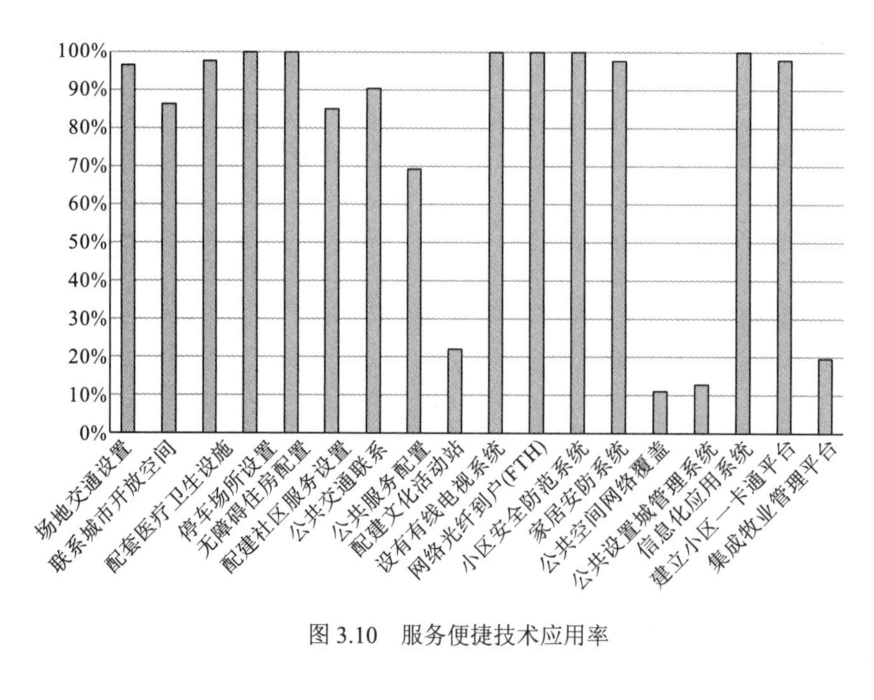

图 3.10 服务便捷技术应用率

(2) 健康舒适。

生态小区的健康舒适性指标主要体现在室内空气质量、水质、声光环境、热舒适 4 个方面，主要由以照明智能节能控制、控制室内主要功能房间室内噪声、围护结构隔声性能设计、同层排水、设备隔声降噪措施、主要功能房间窗地面积比达到 1/5、控制建筑室内照明质量等为主的声光环境措施，以建筑规划布局考虑日照影响、合理控制围护结构隔热性能等为主的改善室内热舒适措施，以合理设置给排水系统、游泳池循环水净化处理系统、合理有效的雨水回用处理系统等为主的水质保障技术措施，以及设置通风器或新风系统、外窗可开启面积比例达到 40%、地下车库设置 CO 浓度监测系统、控制建筑材料与装修材料有害物质含量等为主的改善室内空气质量措施组成该类指标的典型技术措施，近 20 余项，占该类指标技术应用措施的 85%。

(3) 环境宜居。

生态小区的环境宜居性指标主要体现在生态及景观、室外环境、健身设施、垃圾管理 4 个方面，主要由以控制小区建筑密度、绿地率达到 35%以上、光污染控制措施、场地风环境、环境噪声控制技术、良好的户外视野等为主的室外环境措施，以合理设计室外活动场地为主的健身设施，以丰富的绿化植物配置、复层群落种植、降低城市热岛效应强度等为主的生态及景观措施，以生活垃圾分类收集清运措施为主的垃圾管理措施组成的典型技术措施近 17 项，占该类指标技术应用措施的 90%。

(4) 安全耐久。

生态小区的安全耐久性指标主要体现在安全、耐久、防护 3 个方面，典型技术约 12 项，由以场地安全、小区人车分流、控制污染源排放、空调室外机位设置合理、建筑体形规则等为主的安全技术措施，以采用高耐久性高性能混凝土和采用耐久性好、易维护的建筑外立面和室内装修材料为主的耐久性措施组成的典型技术措施近 11 项，占该类指标技术应用措施的 96%。

(5) 资源节约。

生态小区的资源节约性指标主要体现在节地、节能、节水、节材 4 个方面，由以地下空间高效利用为主的节地措施，以采用节能电气设备、所有区域照明功率密度达到目标值等为主的节能措施，以 90%以上建筑材料为本地建筑材料、高强钢筋利用、预拌混凝土、预拌砂浆、地基基础及结构构件节材优化设计等为主的节材措施，以采用雨水回用系统、绿化节水灌溉系统、给水系统用水点压力控制等为主的节水措施组成的典型技术近 36 项，占该类指标技术应用措施的 54%。

(6) 管理与创新。

生态小区的管理与创新性指标主要体现在管理制度、技术管理、绿色生活、技术创新 4 个方面，由以小区绿色标识系统、绿色生活宣传为主的绿色生活措施，以生态小区专项施工管理、实施施工全过程环境保护、施工人员职业安全健康管理、设计专项交底等为主的管理制度，以施工降尘、施工降噪、机电综合调试为主的技术管理措施，以及 BIM 技术应用、绿色施工等技术创新组成的典型技术近 15 项，占该类指标技术应用措施的 88%。

总体而言，生态小区形成了以绿色标识系统、新风系统/通分器、雨水回用系统、智能化系统、绿色生态环境系统、无障碍系统、绿色出行系统、公共服务系统等为主的居民可感知的绿色技术路线。

3.4 项目主要技术增量统计

根据申报项目自评报告中的数据信息，通过统计梳理，其技术投资增量数据如表3.13所示。

表3.13 2018年技术投资增量数据

专业	实现绿色建筑采取的措施	增量总额/万元	单位增量总额/(万元/m^2)	对应等级
专项费用	雨水专项设计	20.00	15.36	金级
	BIM设计	30.05	7.9	铂金级
节水与水资源	雨水收集利用系统	696	1.41	铂金级/金级
	灌溉系统	392.85	1.48	铂金级/金级/银级
	雨水中水利用	320	13.88	金级/铂金级
	车库隔油池	11.5	1.35	金级
	节水器具	311.03	8.02	铂金级/金级
	餐厨垃圾生化处理系统	60	5.68	铂金级
	建筑BA系统	141.5	9.97	铂金级/金级
	绿色性能指标检测	45	4.26	铂金级
	高压水枪	20.54	1.33	金级
电气	节能照明	278.79	10.9	铂金级/金级
	电扶梯节能控制措施	464	6.48	金级
	高效节能灯具	84.12	1.04	金级
	太阳光伏发电	525	124.71	铂金级
	导光筒	20	7.14	金级
	家居安防系统	25.54	1.72	金级
	节能变压器	505	4.37	金级
暖通空调	窗/墙式通风器	1 054.04	12.81	金级
	高能效冷热源输配系统	520	49.29	铂金级
	高能效空调机组	233.96	68	铂金级
	高效燃气地暖炉	516	48.9	铂金级
	户式新风系统	1 405.89	14.98	金级
	双速风机	100	4.16	金级
景观绿化	绿化遮阴	25.25	25	金级
	透明部分可调外遮阳	21.04	450.07	铂金级
	室外透水铺装	678.41	35.87	金级/银级

续表

专业	实现绿色建筑采取的措施	增量总额/万元	单位增量总额/(万元/m^2)	对应等级
建筑规划	外窗开启面积	19.6	5	金级
	可重复使用的隔墙	126.73	59.99	铂金级
	车库/地下室采光措施	30	20.46	金级
结构	高耐久混凝土	369.25	19.8	金级
	采用预拌砂浆	138.3	5.07	铂金级/金级
声光环境	新型降噪管	21.34	1.86	金级
空气质量	一氧化碳装置	19.2	3.04	金级
	室内 CO_2 监测系统	179.42	2.14	铂金级/金级
	空气质量监控系统	0.71	2.6	铂金级

通过上述技术增量与成本分析，根据 2018 年申报项目情况，已完成的一个银级建筑评审，其主要技术经济增量如表 3.14 所示。

表 3.14　银级主要技术经济增量

专业	实现绿色建筑采取的措施	平均单位增量/(元/m^2)	增量总额/万元	建筑类型
景观绿化	室外透水铺装	200	200	1 工业建筑

已完成的 18 个金级建筑评审，其主要技术经济增量如表 3.15 所示。

表 3.15　金级主要技术经济增量

专业	实现绿色建筑采取的措施	平均单位增量/(元/m^2)	增量总额/万元	建筑类型
专项费用	雨水专项设计	10.00	20.00	2 公共建筑 16 居住建筑
节水与水资源	雨水收集利用系统	394.64	325.85	2 公共建筑 16 居住建筑
	灌溉系统	66.76	66.76	2 公共建筑 16 居住建筑
	建筑 BA 系统	15.50	91.50	2 公共建筑 16 居住建筑
	雨水中水利用	47.5	130.00	2 公共建筑 16 居住建筑
	车库隔油池	1.25	11.5	2 公共建筑 16 居住建筑
	高压水枪	1.03	20.54	2 公共建筑 16 居住建筑
	节水器具	510.00	30.08	2 公共建筑 16 居住建筑
电气	节能照明	10.66	259.79	2 公共建筑 16 居住建筑
	电扶梯节能控制措施	10.66	464.00	2 公共建筑 16 居住建筑
	高效节能灯具	52.14	84.12	2 公共建筑 16 居住建筑

续表

专业	实现绿色建筑采取的措施	平均单位增量/(元/m^2)	增量总额/万元	建筑类型
暖通空调	节能变压器	21.42	505.00	2公共建筑16居住建筑
	家居安防系统	200	25.54	2公共建筑16居住建筑
	窗式(墙式)通风器	103.83	1 054.04	2公共建筑16居住建筑
	双速风机	5.00	100.00	2公共建筑16居住建筑
	集中供暖空调系统	50.00	146.55	2公共建筑16居住建筑
	户式新风系统	200.84	1 405.89	2公共建筑16居住建筑
景观绿化	绿化遮阴	25.00	25.25	2公共建筑16居住建筑
	室外透水铺装	120.25	678.41	2公共建筑16居住建筑
建筑规划	外窗开启面积	5.00	19.6	2公共建筑16居住建筑
	车库/地下室采光措施	2.00	30.00	2公共建筑16居住建筑
结构	高耐久混凝土	415.00	369.25	2公共建筑16居住建筑
	采用预拌砂浆	75.00	30.00	2公共建筑16居住建筑
声光环境	新型降噪管	60.00	21.34	2公共建筑16居住建筑
空气质量	一氧化碳装置	6 000.00	19.2	2公共建筑16居住建筑
	室内CO_2监测系统	2 171.27	159.42	2公共建筑16居住建筑

已完成的3个铂金级建筑评审，其主要技术经济增量如表3.16所示。

表3.16　铂金级主要技术经济增量

专业	实现绿色建筑采取的措施	平均单位增量/(元/m^2)	增量总额/万元	建筑类型
专项费用	BIM设计	8.00	30.5	2公共建筑1居住建筑
节水与水资源	雨水收集利用系统	40.00	40.00	2公共建筑1居住建筑
	灌溉系统	87.00	67.00	2公共建筑1居住建筑
	雨水中水利用	9.00	190.00	2公共建筑1居住建筑
	节水器具	5.60	273.00	2公共建筑1居住建筑
	餐厨垃圾生化处理系统	60.00	60.00	2公共建筑1居住建筑
	建筑BA系统	20.00	50.00	2公共建筑1居住建筑
	绿色性能指标检测	45.00	45.00	2公共建筑1居住建筑
电气	节能照明	5.00	19.00	2公共建筑1居住建筑
	太阳光伏发电	125.00	525.00	2公共建筑1居住建筑
暖通空调	高能效冷热源输配系统	130.00	520.00	2公共建筑1居住建筑
	高能效空调机组	68.00	233.96	2公共建筑1居住建筑
	高效燃气地暖炉	206.40	516.00	2公共建筑1居住建筑

续表

专业	实现绿色建筑采取的措施	平均单位增量/(元/m^2)	增量总额/万元	建筑类型
景观绿化	透明部分可调外遮阳	21.01	450.00	2 公共建筑 1 居住建筑
建筑规划	可重复使用的隔墙	60.00	126.73	2 公共建筑 1 居住建筑
结构	采用预拌砂浆	300.00	108.30	2 公共建筑 1 居住建筑
空气质量	空气质量监控系统	2.60	0.71	2 公共建筑 1 居住建筑
	室内 CO_2 监测系统	20.00	20.00	2 公共建筑 1 居住建筑

按评审时间先后排序，其中银级平均增量详细情况如表 3.17 所示。

表 3.17　银级平均增量成本

序号	绿色建筑等级	项目名称	项目建筑面积/m^2	增量总额/万元	增量/(元/m^2)	建筑类型
1	银级	WLXBKJDSZBJD	116 014	10.04	0.87	工业建筑

按评审等级排序，其中金级平均增量详细情况如表 3.18 所示。

表 3.18　金级平均增量成本

序号	绿色建筑等级	项目名称	项目建筑面积/m^2	增量总额/万元	增量/(元/m^2)	建筑类型
1	金级	NKLJXX	82 424.42	400.00	36.59	公共建筑
2	金级	XBXXJSYYZB	92 725.19	133.00	14.34	公共建筑
3	金级	XLD1Q	120 998.24	517.9	42.80	居住建筑
4	金级	JKXC	154 214.46	587.74	38.11	居住建筑
5	金级	ZJJY	173 315.41	886.55	51.19	居住建筑
6	金级	HYWSXZ1Q	117 112.28	372.22	31.79	居住建筑
7	金级	HCYF	190 895	197.90	10.36	居住建筑
8	金级	HDLDXCEZT1～10#	245 433.78	582.4	23.7	居住建筑
9	金级	YYJQH	350 677.95	1296.3	36.97	居住建筑
10	金级	QNCQMLSJDY	58 244.53	274.87	47.19	居住建筑
11	金级	QCZYJS	134 596.08	482.35	35.84	居住建筑
12	金级	LXJSAGJNQ	260 204.04	941.16	36.17	居住建筑
13	金级	HYWSXZ2Q	131 730.32	456.08	34.6	居住建筑
14	金级	JKTHY	53 818.05	220.00	40.88	居住建筑
15	金级	JKYXT1/2Q	361 653.48	398.2	11.01	居住建筑
16	金级	LJXQYLQTWJF	51 942.46	634.12	122.08	居住建筑
17	金级	MLYX44～54#	196 444.57	681.5	34.7	居住建筑
18	金级	SDHXQF-83	81 375.13	105	12.19	居住建筑

按评审等级排序，其中铂金级平均增量详细情况如表3.19所示。

表3.19 铂金级平均增量成本

序号	绿色建筑等级	项目名称	项目建筑面积/m^2	增量总额/万元	增量/(元/m^2)	建筑类型
1	铂金级	ZKDS	38 129.40	2 020.91	530.01	公共建筑
2	铂金级	JTDXSFXQXKSZT	9 983.79	1 089.7	1 091.5	公共建筑
3	铂金级	HYTXB03-2	105 529.62	1653	165.64	居住建筑

参考文献

[1] 重庆市工程建设标准. 绿色建筑评价标准(DBJ/T50-066—2009)[S]. 重庆：重庆市城乡建设委员会，2009.

[2] 重庆市工程建设标准. 绿色建筑评价标准(DBJ/T50-066—2014)[S]. 重庆：重庆市城乡建设委员会，2014.

作者：重庆市绿色建筑专业委员会丁勇、周雪芹

重庆市建设技术发展中心杨修明、杨元华、杨丽莉、李丰

第4章　重庆市绿色建筑与建筑产业化协会关于助推绿色建材行业发展的报告

重庆市绿色建筑与建筑产业化协会在重庆市住房和城乡建设委员会的指导下，找准协会作为政府和企业桥梁纽带的定位，充分发挥协会熟悉行业、贴近企业的优势，以增强企业信心，引导企业转型，帮助企业发展为重点，助推重庆市绿色建材行业发展。现将有关工作情况报告如下。

4.1　工作开展情况

1. 认真落实政策要求，引导企业绿色转型

重庆市建筑节能材料企业 90%以上为民营企业，重庆市住房和城乡建设委员会以推动建筑节能材料企业向绿色建材企业转型升级为抓手，扶持民营经济发展，这既符合党中央、国务院“生态优先、绿色发展”的决策部署，也是促进民营企业高质量新发展的重要举措。重庆市住房和城乡建设委员会建立了政府引导、市场主导、协会推动的良好机制，逐步完善节能建材备案—绿色建材性能认定—星级绿色建材评价的工作体系。重庆市绿色建筑与建筑产业化协会按照重庆市住房和城乡建设委员会的工作部署。一是引导和帮助会员企业向绿色建材性能认定技术要求提升，通过走访、座谈和邀请专家等形式，指导无机保温板、建筑玻璃、门窗及型材等企业进行绿色转型，截至 2018 年底，共有 273 项产品通过了绿色建材性能认定。二是鼓励具备条件的企业积极申报星级绿色建材评价，对不具备条件的企业进行技术指导，帮助企业改造升级，为企业努力创造条件申报等级绿色建材评价。2018 年，重庆市绿色建筑与建筑产业化协会与重庆市建设技术发展中心、中煤科工集团重庆设计研究院、重庆市绿色建筑技术促进中心完成了 94 项绿色建材评价工作，其中 31 项三星级绿色建材评价，44 项二星级绿色建材评价，19 项一星级绿色建材评价。重庆市绿色建筑与建筑产业化协会会员单位重庆思贝肯节能技术开发有限公司、四川帕沃可矿物纤维制品有限公司、立邦涂料有限公司、山东古云阳光岩棉集团有限公司等一批企业还获得国家铂金级绿色建材评价标识。三是按照重庆市住房和城乡建设委员会打造智慧建材管理与信息平台的要求，在重庆市住房和城乡建设委员会的指导下，重庆市绿色建筑与建筑产业化协会创新开发了全国第一个“绿色建材网上申报评价系统”，2017 年 8 月正式上线运行，目前已建立预拌混凝土、建筑砌块、无机保温板三大类 22 个明细产品类别绿色建材数据库和评审专家库，完成了 76 项产品绿色建材标识网上申报评审工作，实现了重庆市等级绿色建材申报、评审、公示和公告全过程信息化管理。

2. 坚持开展行业统计，当好政府参谋助手

为了摸清绿色建材行业发展水平，为企业营造良好的发展环境，2017年，重庆市住房和城乡建设委员会印发了《关于开展绿色（节能）建材产品及企业基本信息调查的通知》，重庆市绿色建筑与建筑产业化协会协助重庆市住房和城乡建设委员会对重庆市节能门窗、保温材料、建筑遮阳等共504家企业进行了走访和调研，参与完成了《2017年度重庆市建筑节能材料发展报告》。经过近几年的努力，重庆市绿色建材产业规模不断扩大，2017年全市绿色建材行业实现年产值227.6亿元，较2012年增长了166%。2018年，按照重庆市住房和城乡建设委员会的要求，重庆市绿色建筑与建筑产业化协会坚持每个季度开展一次行业信息统计，对绿色建材企业产量、产值和生产经营等情况进行动态跟踪，将统计情况上报重庆市住房和城乡建设委员会，为重庆市住房和城乡建设委员会及时掌握行业情况提供参考。截至2018年10月底，全市绿色建材企业实现产值约200亿元。

3. 积极培育龙头企业，带动产业全面提升

重庆市住房和城乡建设委员会坚持创新驱动、龙头引领的指导思想，通过编制绿色节能建材标准，科研项目的资金支持，培育绿色建筑与建筑节能产业化示范基地，组建专家队伍指导企业进行技术改造升级等方式，培育行业龙头企业，带动产业全面提升。重庆市绿色建筑与建筑产业化协会按照重庆市住房和城乡建设委员会的要求，帮助会员企业加强创新和研发能力，建立企业核心竞争力。目前，形成了以重庆德邦防水保温工程有限公司、重庆思贝肯节能技术开发有限公司等为代表的建筑保温龙头企业，以重庆新美鱼博洋铝业有限公司、重庆艺美玻璃有限公司等为代表的节能门窗、型材和玻璃企业，重庆市绿色建筑与建筑产业化协会会员企业重庆海润节能技术股份有限公司、重庆固安捷防腐保温工程有限公司等12家企业被评为重庆市绿色建筑与建筑节能产业化示范基地，重庆市绿色建筑与建筑产业化协会会员单位重庆禾维科技有限公司全球首创成功研发了智能隔热玻璃，并在2018年中国国际智博会上亮相。在重庆市住房和城乡建设委员会的指导下，由重庆市绿色建筑与建筑产业化协会牵头打造的“重庆节能环保生态产业基地”，第一期共158亩（1亩≈666.7m^2）将于2019年3月建成投产，重庆市绿色建筑与建筑产业化协会会员企业重庆首舟科技有限公司、重庆聚源塑料有限公司、重庆太鼎工贸有限责任公司、重庆盛大建筑材料有限公司、重庆市银泉实业有限公司等将第一批入驻，形成绿色建材产业集群，为重庆市绿色建筑提供产业支撑。

4. 努力提升服务能力，促进企业健康发展

按照重庆市住房和城乡建设委员会扶持民营企业，推动传统建材行业转型升级的工作部署，重庆市绿色建筑与建筑产业化协会不断提升服务能力，拓宽服务领域，为会员企业健康发展保驾护航。重庆市绿色建筑与建筑产业化协会与重庆筑能建筑工程质量检测有限公司、中国太平洋保险公司、中国人民保险、民生银行、渝北村镇银行、重庆市上义生产力促进中心等机构合作，成立了“重庆市建筑节能协会技术检测中心”“重庆市建筑节能协会融资服务中心”，为会员企业提供工程检测、工程保险、融资贷款、双高企业申报等

服务，每年为企业减轻经济负担 300 余万元，解决融资困难近千万元，帮助 30 多家会员企业成功申报成为双高企业，形成专利 200 余项。

4.2　下一步工作建议

(1) 加强绿色建材的推广应用。进一步加强对绿色建材的宣传和推广，建议出台对绿色建材生产企业和应用绿色建材的建设单位的相关激励政策，提高各主体单位申报绿色建材和应用绿色建材的积极性。发布绿色建材产品推广目录，将通过评价的绿色建材企业和产品纳入推广目录。

(2) 增加绿色建材评价种类。在现有七大类绿色建材的基础上增加绿色建材评价种类，尽快发布第二批绿色建材评价技术标准，如装配式建筑部品部件、有机保温板、门窗型材、涂料、防水材料、装饰装修建材等，尽快制定相应的评价技术标准。

(3) 加强对绿色建材应用的监管。加强对强制应用绿色建材的项目在施工图备案、过程监管、能效测评、竣工验收等环节的监管力度，严格落实绿色建筑、绿色生态小区评价过程中强制应用绿色建材的要求。

作者：重庆市绿色建筑与建筑产业化协会陈琼

第5章 重庆市公共建筑节能改造发展情况

5.1 2018年重庆市公共建筑节能改造整体情况概述

为强化公共建筑节能管理，充分挖掘节能潜力，解决当前仍存在的用能管理水平低、节能改造进展缓慢等问题，确保完成国务院印发的《“十三五”节能减排综合工作方案》确定的目标任务，住房和城乡建设部办公厅、银监会办公厅发布《关于深化公共建筑能效提升重点城市建设有关工作的通知》(建办科函〔2017〕409号)，要求重庆市在“十三五”期间完成不少于500万m^2的公共建筑节能改造项目并实现节能率不低于15%的目标。

为进一步提高重庆市既有公共建筑节能改造项目节能量核定的科学性、合理性和可操作性，确保既有公共建筑节能改造实施效果，重庆市住房和城乡建设委员会依据《重庆市公共建筑节能改造示范项目和资金管理办法》(渝建发〔2016〕11号)和住房和城乡建设部印发的《公共建筑节能改造节能量核定导则》(建办科函〔2017〕510号)等有关规定，结合重庆市既有公共建筑节能改造实施情况，组织对《重庆市公共建筑节能改造节能量核定办法》进行修订，于2018年4月1日起实施。

2018年全年重庆市共改造完成公共建筑节能改造示范项目19个，共计改造面积104.4万m^2。这些项目实现了单位建筑面积能耗下降20%以上的目标，每年可节电0.31亿度(1度=1kW·h)、节约标准煤0.92万t、减排二氧化碳2.5万t、节约能源费用0.26亿元，有效改善了室内的光环境、声环境、热环境和空气质量等功能品质，用能单位对改造效果表示满意的比例达98%以上。同时，通过实施节能改造，重庆市为国家推进公共建筑节能改造走市场化道路进行了有益探索，并一直坚持在原有工作基础上不断创新，确保取得新突破。

5.2 《重庆市公共建筑节能改造节能量核定办法》修订情况

5.2.1 修订的必要性

为了配合重庆市公共建筑节能改造重点城市示范项目的建设工作，落实《重庆市公共建筑节能改造重点城市示范项目管理暂行办法》规定的申报要求，制定拨付补助资金的合理依据，进一步提高既有公共建筑节能改造项目节能量核定的科学性、合理性和公平性，确保既有公共建筑节能改造实施效果，主编单位重庆大学和重庆市住房和城乡建设委员会组织专家共同编制了《重庆市公共建筑节能改造节能量核定办法(试行)》，并随着工作的开展，对《重庆市公共建筑节能改造节能量核定办法(试行)》进行了第一次完善修订，最终于2014年6月确定并发布了《重庆市公共建筑节能改造节能量核定办法》，同时《重庆市公共建筑节能改造节能量核定办法(试行)》废止。

在随后的工作中，又进一步发现《重庆市公共建筑节能改造节能量核定办法》仍存在值得完善的地方，如部分相关术语缺失、部分设备改造后节能量计算公式不符合实际情况、未考虑能耗修正等。因此，主编单位重庆大学以我国《公共建筑节能改造节能量核定导则》为参考依据，结合重庆地区公共建筑节能改造重点城市示范项目的节能量核定要求和前期执行中的经验总结，完成了对《重庆市公共建筑节能改造节能量核定办法》的再次修订工作，于 2018 年 4 月发布执行，进一步为节能改造节能量核定明确和细化要求。

5.2.2　修订原则

在总结吸收国内外已有相关核定办法编制成果和经验基础上，以我国《公共建筑节能改造节能量核定导则》为参考依据，结合重庆地区公共建筑节能改造重点城市示范项目的节能量核定要求和前期执行中的经验总结，确定此次修订基本原则如下。

⑴系统梳理目前发布的相关国家标准和强制性行业标准，整理相关标准条文，确保标准之间的协调。

⑵根据《重庆市公共建筑节能改造节能量核定办法》在执行中暴露出来的问题，补充了相关术语、修改了部分不适用的节能量核定方法、增加了条文说明。

⑶根据国家标准中的相关要求，引入了能耗修正方法和节水量核定方法，并对核定方法的选取进行了细分和说明。

5.2.3　修订的主要内容

⑴引入了多个术语，如“项目边界”进一步明确了建筑改造的范围，“基准期”与“核定期”具体区分了改造前后选取的时间段。

⑵引入了公共建筑节能改造的基本规定，对改造过程应满足的国家标准、地方标准及相关要求进行了详细说明，并将节水改造核定工作纳入节能改造中。

⑶引入了节能量核定的原则，将核定方法分为“账单法”和“测量计算法”，对核定方法的选取进行了说明，并给出了能耗修正方法。

⑷为使《重庆市公共建筑节能改造节能量核定办法》更加规范化，将所有文字公式改为符号公式，并对符号的意义、单位进行了说明。

⑸规定了包含多种运行工况的设备的节能量计算方法，根据设备的运行记录，分别统计出基准期和核定期状态下各工况设备的运行时间和运行功率，计算得出基准期和核定期各工况下设备的能耗，再将二者做减法，逐项累加得到总的节能量。

⑹对测量计算法中的围护结构改造前后节能量计算方法进行了如下分类。

①当项目只对围护结构进行改造，而不涉及空调系统的改造时，由围护结构改造而引起的节能量应单独计算，计算应参照《重庆市公共建筑节能改造节能量核定办法》修订版条文中列出的方法进行。

②当项目同时对围护结构和空调设备或系统进行改造时，对空调系统的改造，如减小空调系统容量、变更控制模式等，则由围护结构改造而引起的节能量包含在空调系统改造产生的节能量中，可不进行单独计算。

(7)对测量计算法中的动力系统中电梯的能耗计算公式进行了修改，基准期能耗仍按原公式计算，待机能耗应进行测试，并按式(5-1)计算。电梯节能量采用测试的方法得到，即分别采集各电梯在基准期和核定期连续运行一周的总能耗，所选取的两周应能代表全年电梯运行能耗的平均水平，并按式(5-2)计算得到。

$$E_{\text{standby}i} = 52\sum_{i=1}^{n} P_{\text{st}i} \times t_{\text{st}i} \tag{5-1}$$

式中，$E_{\text{standby}i}$——第 i 部电梯一年内的待机总能耗(kW·h/年)；

52——一年中所含的周数；

n——改造的电梯数目；

$P_{\text{st}i}$——第 i 部电梯待机功率(kW)；

$t_{\text{st}i}$——第 i 部电梯一周待机时间(h/周)。

$$E_4 = 52\sum_{i=1}^{n} (E_{\text{b}i} - E_{\text{r}i}) \tag{5-2}$$

式中，E_4——电梯系统年节能量(kgce)；

52——一年中所含的周数；

n——改造的电梯数目；

$E_{\text{b}i}$——基准期状态下第 i 部电梯连续一周耗电量(kgce)；

$E_{\text{r}i}$——核定期状态下第 i 部电梯连续一周耗电量(kgce)。

(8)对测量计算法中空调系统的水泵、风机能耗计算方法进行了详细划分，根据有无相关运行记录、定频或变频水泵给出了对应的能耗计算公式。同时对水泵和风机节能量的确定方法进行了以下说明。

①涉及水泵本身性能改造，应提供第三方检测报告，检测报告中应包含输入电能、输入功率、输出功率、水泵能效、水泵改造前后的节能量等。

②涉及水泵功能改变(如加变频器、集中控制等)、不涉及水泵本身性能改造、水泵功能变化后的节能量应由测试得到，并给出了测试的时间段选取要求、主要能耗影响因素最大允许偏差、节能量计算公式。

(9)对测量计算法中生活热水供应系统的热水锅炉节能量计算公式进行了分类。

①当改造以提高锅炉燃烧热效率为目的时，需根据国家标准《生活锅炉热效率及热工试验方法》(GB/T-10820—2011)由第三方检测机构进行检测并计算核定期热水锅炉效率，并出具检测报告。检测结果为试验工况下的锅炉效率，可作为锅炉核定期实际运行效率的主要参考，锅炉节能量按式(5-3)计算。

$$E_{11} = E_{\text{b}} \times \left(1 - \frac{\eta_1}{\eta_2}\right) \times \varepsilon \tag{5-3}$$

式中，E_{11}——锅炉节能量(kgce)；

E_{b}——基准期灶芯年耗气量(m^3)；

η_1——基准期锅炉热效率(%)；

η_2——核定期锅炉热效率(%)；

ε——锅炉所用能源折算为标准煤的系数，应符合本标准附录A的规定。

②当改造主要利用烟气余热回收技术进行热量回收再利用时，需要由业主和改造实施

单位共同完成测试并记录每日通过热回收生产的卫生热水量(t/d)、进水和出水温度 t_1、t_2，并按式(5-4)计算锅炉节能量。

$$E_{11}=\sum_{i=1}^{n}\frac{c\times m_i\times\Delta t_i}{\eta\times q}\times T_i\times\varepsilon \tag{5-4}$$

式中，E_{11}——锅炉节能量(kgce)；

c——水的定压比热容，取 4.18kJ/(kg·℃)；

m_i——不同工况下生产的卫生热水量(kg/d)；

Δt_i——不同工况下生产的卫生热水进出口温差，$\Delta t=t_2-t_1$(℃)；

η——基准期状态下锅炉热效率，通过铭牌或设备手册得到(%)；

T_i——不同工况下运行天数(d)；

q——天然气热值(kJ/m^3)；

ε——锅炉所用能源折算转化为标准煤的系数，应符合本标准附录 A 的规定。

(10)对测量计算法中特殊用能系统灶芯的节能量计算方法进行了修改，根据灶芯铭牌或厂家检测报告，收集基准期和核定期灶芯的热效率，并按式(5-5)计算灶芯节能量。

$$E_{15}=E_{\mathrm{b}}\times\left(1-\frac{\eta_1}{\eta_2}\right)\times\varepsilon \tag{5-5}$$

式中，E_{15}——改造前后灶芯节能量(m^3)；

E_{b}——基准期灶芯年耗气量(m^3)；

η_1——基准期灶芯热效率(%)；

η_2——核定期灶芯热效率(%)；

ε——灶芯所用能源折算为标准煤的系数，应符合本标准附录 A 的规定。

(11)常用能源折算系数中，电力按等价值，取相近年(2015 年)火力发电标准煤耗折算[0.297kgce/(kW·h)]。

(12)条文说明：对新引入的术语、基本规定、核定原则及修改的计算公式进行了详细的说明。

5.3　2018 年节能改造示范项目实施情况

5.3.1　工作进展情况

2018 年全年重庆市改造完成并核定验收了 19 栋、共计 104.4 万 m^2 的公共建筑节能改造示范项目，改造建筑类型主要包括办公建筑、商场建筑、医疗卫生建筑、文化教育建筑和宾馆饭店建筑五大类。节能改造内容主要包括照明系统、空调系统、动力系统、分项计量、生活热水系统和围护结构等。对 19 个已完成节能改造示范项目进行统计，如表 5.1 所示。

表 5.1　重庆市实施节能改造示范项目建设的工作进展情况

建筑类型	项目数量/个	评审面积/万 m^2	核定面积/万 m^2
办公建筑	10	40.4	40.2
商场建筑	3	27.2	26.5

续表

建筑类型	项目数量/个	评审面积/万 m^2	核定面积/万 m^2
医疗卫生建筑	4	36.5	32.3
文化教育建筑	1	3.3	3.3
宾馆饭店建筑	1	2.2	2.1
合计	19	109.6	104.4

5.3.2 项目实施成果

1. 改造项目的建筑类型分布

为推动重点城市建设，重庆市将公共建筑较为集中的办公建筑、商场建筑、医疗卫生建筑、文化教育建筑和宾馆饭店建筑等类公共建筑作为改造重点，重庆市2018年改造项目建筑类型及建筑面积分布如图5.1和图5.2所示。

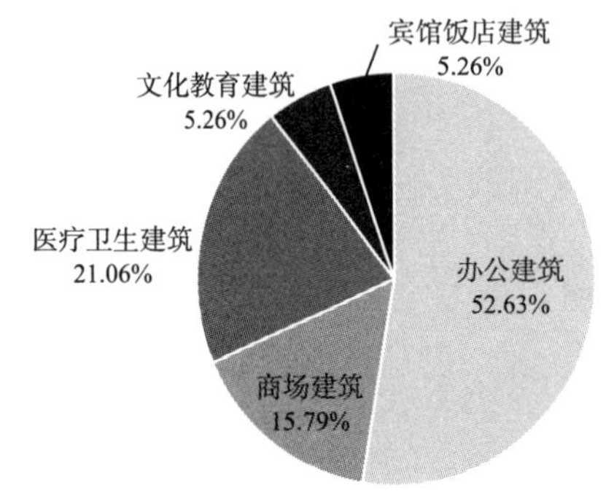

图5.1 改造项目建筑类型分布

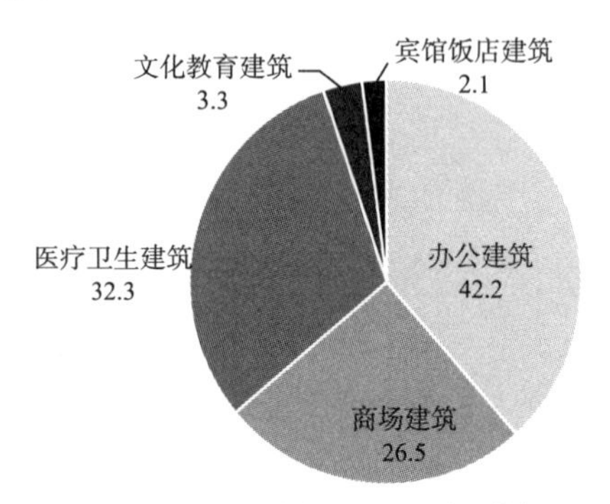

图5.2 改造项目建筑面积分布(单位：万 m^2)

2. 改造效果分析

分别对2018年重庆市办公建筑、商场建筑、医疗卫生建筑、文化教育建筑、宾馆饭店建筑的节能率进行了统计，以比较5类建筑的实际节能效果。

对已实施节能改造的10个重庆市办公建筑的节能率进行统计，结果如图5.3所示。

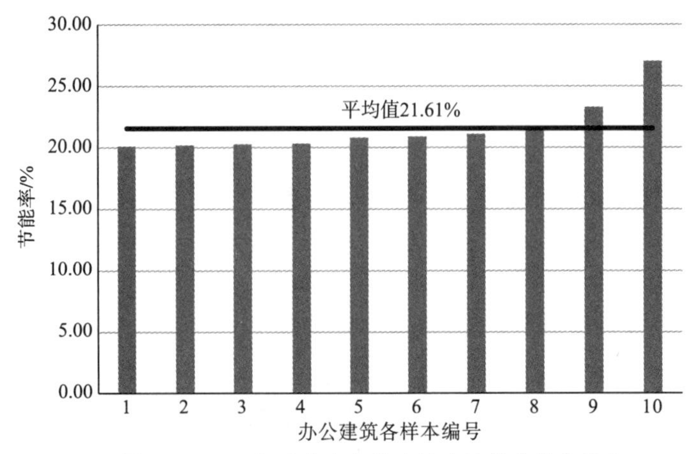

图5.3 2018年重庆市办公建筑改造的节能率分布

对已实施节能改造的 3 个重庆市商场建筑的节能率进行统计，结果如图 5.4 所示。

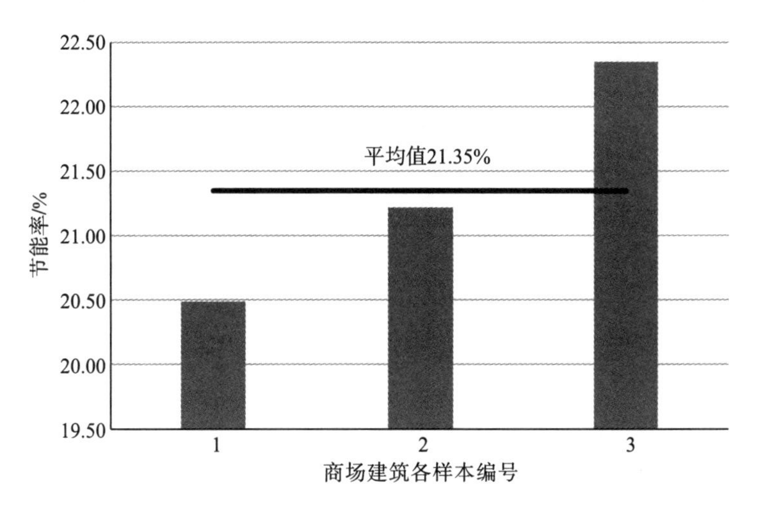

图 5.4　2018 年重庆市商场建筑改造的节能率分布

对已实施节能改造的 4 个重庆市医疗卫生建筑的节能率进行统计，结果如图 5.5 所示。

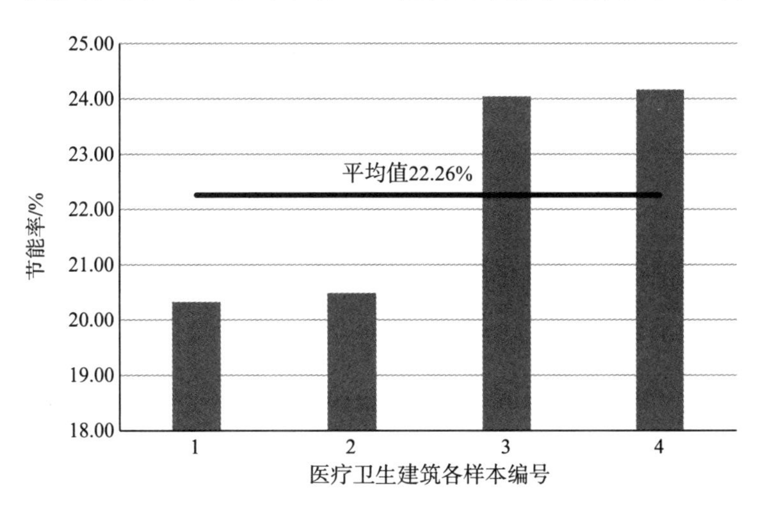

图 5.5　2018 年重庆市医疗卫生建筑改造的节能率分布

2018 年重庆市文化教育建筑和宾馆饭店建筑各改造一个，节能率分别为 21.2%、20.7%。可以看到 5 类建筑绝大部分项目节能率为 20%～25%。从总体情况来看，医疗卫生建筑整体节能效果最好。

同时为比较照明插座系统、空调系统、动力系统、特殊用能系统的节能贡献率，对各用能系统的节能率分别进行了统计。

照明插座系统的节能率分布如图 5.6 所示，其平均节能率为 13.88%。

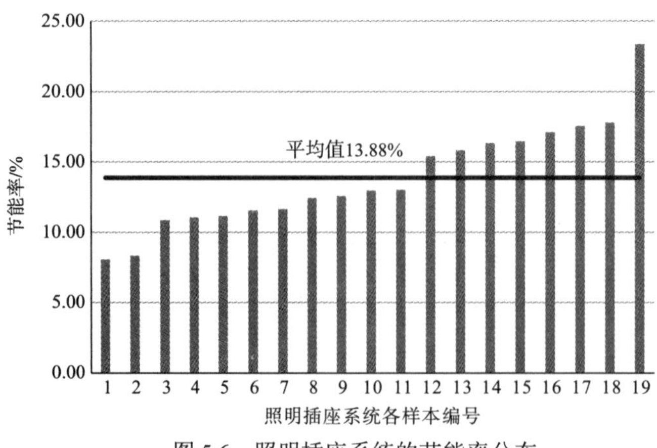

图 5.6 照明插座系统的节能率分布

空调系统的节能率分布如图 5.7 所示，其平均节能率为 7.25%。

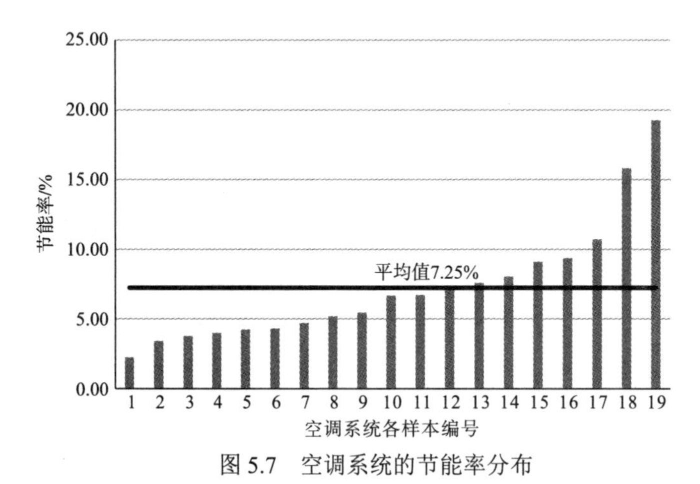

图 5.7 空调系统的节能率分布

动力系统的节能率分布如图 5.8 所示，其平均节能率仅为 1.10%，在所有用能系统中排最末位。

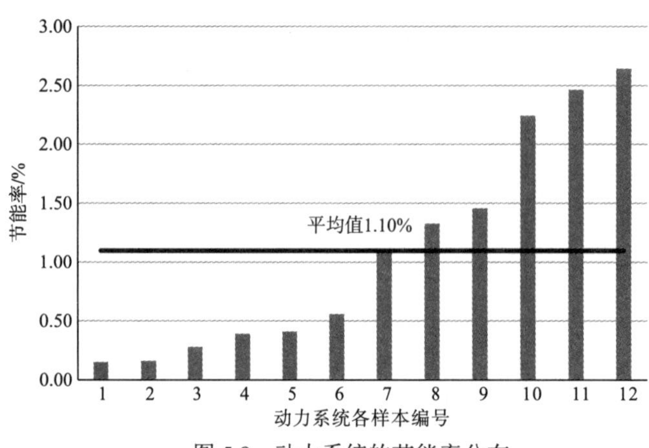

图 5.8 动力系统的节能率分布

特殊用能系统的节能率分布如图 5.9 所示，其平均节能率为 1.58%，略高于动力系统。

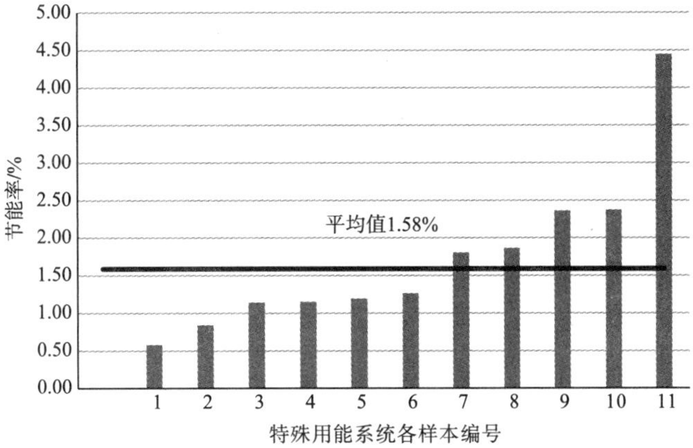

图 5.9　特殊用能系统的节能率分布

综观所有用能系统，照明插座系统节能率最大，同时也是改造实施率最高的系统；空调系统的改造技术相对多样，空调系统能耗在建筑中占比也较高，因此改造效果仅次于照明插座系统；特殊用能系统和动力系统由于本身能耗在整个建筑能耗中占比较小，因此改造后节能率不及其他系统。

3. 改造主要技术途径

对已实施节能改造的 10 个重庆市办公建筑主要技术途径进行统计，如表 5.2 所示。

表 5.2　办公建筑主要技术途径

序号	评审面积/m^2	核定面积/m^2	改造内容				
			照明插座系统	空调系统	动力系统	特殊用能系统(包括食堂灶具)	围护结构
1	65 595	65 595	灯具替换	分体式空调加装控制器，集中式空调替换水泵，集中式空调系统主机增加智能控制系统、风冷模块机组	—	更换节能灶具，抽油烟机变频	外窗贴膜
2	23 112.96	23 069.29	灯具替换，加装智能插座	分体式空调加装控制器，替换原有分体式空调	—	更换节能灶具	外窗贴膜
3	25 581	25 581	灯具替换，更换开关器	集中式空调替换水泵，集中式空调系统主机增加智能控制系统、风冷模块机组	电梯加装电能回馈装置	更换节能灶具	外窗贴膜
4	35 011	15 348	加装智能插座	分体式空调加装控制器，替换原有分体式空调	—	—	外窗贴膜
5	15 348	35 011	灯具替换，加装智能插座	集中式空调替换水泵，冷却塔变频	电梯加装电能回馈装置，锅炉加装智能控制器	—	外窗贴膜
6	15 877.3	15 803.24	灯具替换，加装智能插座	分体式空调加装控制器，替换原有分体式空调	—	—	外窗贴膜
7	28 714.45	28 714	灯具替换，加装智能插座	分体式空调加装控制器，替换原有分体式空调	电梯加装电能回馈装置	更换节能灶具	外窗贴膜

续表

序号	评审面积/m^2	核定面积/m^2	改造内容				
			照明插座系统	空调系统	动力系统	特殊用能系统(包括食堂灶具)	围护结构
8	32 000.36	31 400	灯具替换，加装智能插座	集中式空调替换水泵，集中式空调系统主机增加智能控制系统，水泵、末端风机变频	电梯加装电能回馈装置，锅炉余热回收	—	外窗贴膜
9	109 395.3	108 395.23	灯具替换，加装智能插座	集中式空调替换水泵，更换集中式空调系统主机，水泵、末端风机变频	电梯加装电能回馈装置	更换节能灶具	—
10	53 000	52 956.37	灯具替换	集中式空调替换水泵，集中式空调系统主机增加智能控制系统	电梯加装电能回馈装置	更换节能灶具，抽油烟机变频	—

由表5.2可知，办公建筑照明插座系统主要改造技术途径是替换灯具及加装智能插座；空调系统主要是通过集中式空调替换水泵、集中式空调系统主机增加智能控制系统、分体式空调加装控制器、替换原有分体式空调、水泵或末端风机变频等方式实现节能；动力系统主要是通过电梯加装电能回馈装置的方式实现节能，部分项目实施锅炉余热回收；特殊用能系统主要通过更换节能灶具，以及部分项目实施抽油烟机变频等方式实现节能；围护结构则是通过外窗贴膜的方式实现节能，并且实施率较高。

对已实施节能改造的3个重庆市商场建筑主要技术途径进行统计，如表5.3所示。

表5.3 商场建筑主要技术途径

序号	评审面积/m^2	核定面积/m^2	改造内容				
			照明插座系统	空调系统	动力系统	特殊用能系统(包括食堂灶具)	围护结构
1	150 000	147 105.03	灯具替换	集中式空调替换水泵，水泵、末端风机变频	锅炉余热回收，扶梯加装红外变频	—	外窗贴膜
2	63 000	58 833	灯具替换	集中式空调系统主机增加智能控制系统，水泵、末端风机变频	电梯加装电能回馈装置	—	—
3	59 394	59 085	灯具替换	集中式空调替换水泵，集中式空调系统主机增加智能控制系统，水泵、末端风机变频	电梯加装电能回馈装置	—	—

由表5.3可知，商场建筑照明插座系统主要改造技术途径是替换灯具；空调系统主要是通过集中式空调替换水泵、集中式空调系统主机增加智能控制系统、水泵或末端风机变频的方式实现节能；动力系统主要技术途径是电梯加装电能回馈装置、扶梯加装红外变频及锅炉余热回收。3个项目未对特殊用能系统进行改造；围护结构则是通过外窗贴膜的方式实现节能。

对已实施节能改造的4个重庆市医疗卫生建筑主要技术途径进行统计，如表5.4所示。

表 5.4　医疗卫生建筑主要技术途径

序号	评审面积/m²	核定面积/m²	改造内容				
			照明插座系统	空调系统	动力系统	特殊用能系统(包括食堂灶具)	围护结构
1	51 281	50 500	灯具替换	集中式空调替换水泵，集中式空调系统主机增加智能控制系统，水泵、末端风机变频	电梯加装电能回馈装置，空气源热泵	更换节能灶具	—
2	83 000	82 921.99	灯具替换，加装智能插座	集中式空调系统主机增加智能控制系统	电梯加装电能回馈装置	更换节能灶具，抽油烟机变频	—
3	51 000	46 770	灯具替换	集中式空调系统主机增加智能控制系统，水泵、末端风机变频	电梯加装电能回馈装置，锅炉余热回收，电开关器替换	更换节能灶具	—
4	180 208	142 509	灯具替换，更换开关器	集中式空调替换水泵，集中式空调系统主机增加智能控制系统	—	—	—

由表 5.4 可知，医疗卫生建筑照明插座系统主要改造技术途径是替换灯具、加装智能插座；空调系统主要是通过集中式空调替换水泵、集中式空调系统主机增加智能控制系统、水泵或末端风机变频的方式实现节能；动力系统主要技术途径是电梯加装电能回馈装置；特殊用能系统主要通过更换节能灶具实现节能。4 个项目均未对围护结构进行改造。

5.4　改造项目统计

2018 年全年重庆市已改造完成并且通过验收核定的项目共计 19 个，项目类型和面积信息如表 5.5 所示。

表 5.5　2018 年节能改造项目统计

序号	项目类型	核定面积/m²	节能率/%	序号	项目类型	核定面积/m²	节能率/%
1	办公建筑	65 595	21.15	11	宾馆饭店建筑	21 426.78	20.69
2	办公建筑	23 069.29	20.30	12	医疗卫生建筑	50 500	24.16
3	办公建筑	25 581	20.34	13	医疗卫生建筑	82 921.99	24.04
4	办公建筑	15 348	21.77	14	医疗卫生建筑	46 770	20.33
5	办公建筑	35 011	20.94	15	医疗卫生建筑	142 509	20.49
6	办公建筑	15 803.24	20.12	16	商场建筑	147 105	22.35
7	办公建筑	28 714	20.22	17	商场建筑	58 833	21.22
8	办公建筑	31 400	20.83	18	商场建筑	59 085	20.49
9	办公建筑	108 395.2	27.09	19	文化教育建筑	32 940	21.22
10	办公建筑	52 956.37	23.34				

作者：重庆大学丁勇、王雨、吕婕

第 6 章　重庆市公共建筑能耗监测平台数据分析

6.1　能耗监测平台基本情况

重庆市国家机关办公建筑和大型公共建筑能耗监测平台截至 2018 年 12 月 31 日共计完成 367 个、约 2 063.7 万 m^2 的有效分项计量能耗监测平台建设，其中包括办公建筑、商场建筑、文化教育建筑、宾馆饭店建筑、医疗卫生建筑、综合建筑及其他建筑。各类型建筑数量及面积分布如图 6.1 和图 6.2 所示。

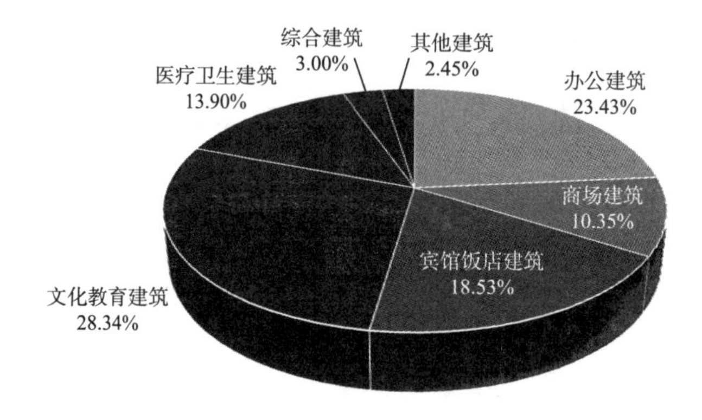

图 6.1　各类型建筑数量比例分布

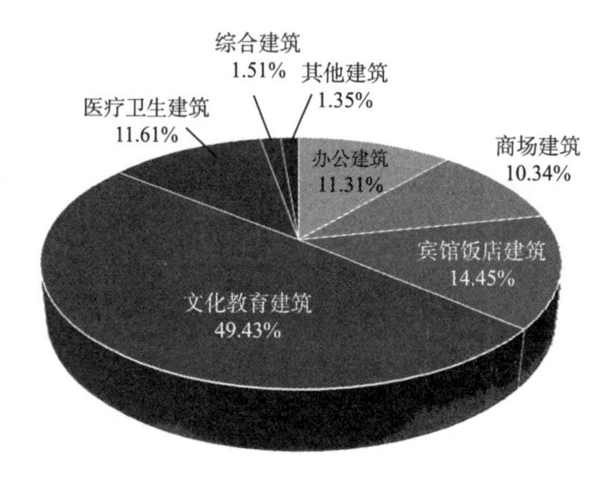

图 6.2　各类型建筑面积比例分布

从图 6.1 和图 6.2 中可以看出，重庆市大型公共建筑的主要监测对象是办公建筑、商场建筑、文化教育建筑、宾馆饭店建筑、医疗卫生建筑这 5 类，综合建筑和其他建筑的监测数量和面积占比比较低。在数量上，文化教育建筑和办公建筑的监测数量最多；在面积上，文化教育建筑的占比明显高于其他类型建筑。

6.2　各类型建筑能耗现状分析

根据市级平台持续运行的数据，汇总计算 2018 年度重庆市各类型公共建筑全年能耗数据情况，可以计算重庆市开展建筑能耗监测的大型公共建筑能耗总体情况，如表 6.1 所示。其中，综合建筑和其他建筑样本较小，与其余建筑的能耗情况可比性较差，需待工作进一步推进，增加监测样本。

表 6.1　2018 年度重庆市大型公共建筑全年能耗数据情况[单位：kW·h/(m^2·年)]

建筑类型	全年能耗范围	全年能耗中位数
办公建筑	15～105	38.5
商场建筑	10～160	80.3
宾馆饭店建筑	10～90	46.6
文化教育建筑	5～70	17.5
医疗卫生建筑	10～120	47.3

从图 6.3 可以看出，在办公建筑、商场建筑、宾馆饭店建筑和医疗卫生建筑中，照明插座能耗和空调能耗均是建筑各用能系统中的用能大户，也是节能改造和运行管理节能的重点，而文化教育建筑的主要能耗为照明插座能耗，用能系统类型比较单一。

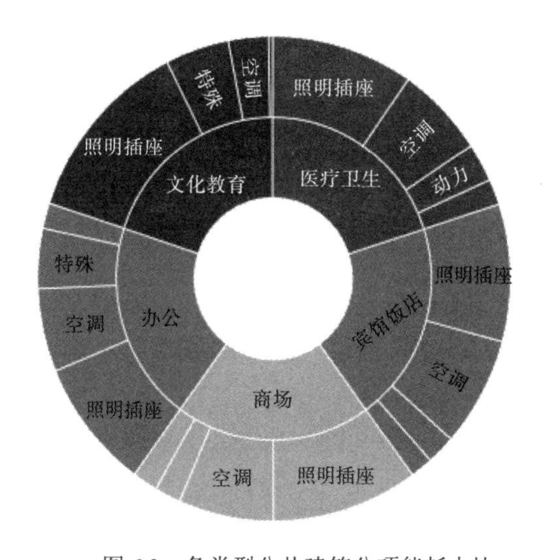

图 6.3　各类型公共建筑分项能耗占比

6.3　典型公共建筑的能耗对标

重庆市《机关办公建筑能耗限额标准》和《公共建筑能耗限额标准》(征求意见稿)中以限额水平 0.20(即满足 80%公共建筑的用能需求)作为建筑能耗约束值，以总体分布的平均水平作为约束值。计算2018年能耗数据平台中各类型建筑单位面积能耗数据限额水平0.2、平均值，分别与标准中约束值、引导值进行对比，并将各建筑单位面积能耗值分别与约束值进行对标，得出达标率，其结果如表6.2所示。

表6.2 各类型建筑监测平台单位能耗对标

建筑类型	引导值对标				约束值对标				达标率/%
	监测平台/[kgce/(m^2·年)]	标准值/[kgce/(m^2·年)]	对比差值/[kgce/(m^2·年)]	差异百分比/%	监测平台/[kgce/(m^2·年)]	标准值/[kgce/(m^2·年)]	对比差值/[kgce/(m^2·年)]	差异百分比/%	
A类机关办公建筑(主城)	12.3	12.1	−0.2	−2	22.4	19.3	−3.1	−16	75
B类机关办公建筑(主城)	16.7	15.5	−1.2	−8	26.4	25.8	−0.6	−2	86
B类机关办公建筑(渝东北)	10.1	12.5	2.4	19	14.4	20.7	6.3	30	100
B类商业写字楼	14.7	19	4.3	22	22.0	27	5.0	19	89
商场建筑	24.3	38	13.7	36	38.8	60	21.2	35	100
A类医院建筑(二级)	15.7	22	6.3	29	25.1	32	6.9	21	100
B类医院建筑(二级)	22.5	29	6.5	22	44.8	38	−6.8	−18	91
B类医院建筑(三级)	19.6	37	17.4	47	26.7	52	25.3	49	100

根据表6.2的对比结果可以看出，监测平台数据的能耗平均值基本能满足标准引导值的要求，各建筑单位面积能耗值分别与约束值对标，达标率基本在80%以上，部分类型建筑能耗达标率为100%，说明这些建筑较往年有明显的节能效果，也说明随着整体节能效果的改善，对于能耗限额值的确定还具有进一步调整的空间。

6.4 历年能耗变化情况

由图6.4可以看出，商场建筑平均能耗高于其他类型的建筑，文化教育建筑平均能耗最低。2013年重庆市公共建筑能耗达到一个峰值点，2014年平均单位面积年能耗值有明显下降，该趋势正好反映了重庆市在“十二五”期间开展了公共建筑节能改造示范项目的建设，其中任务要求应完成不少于400万m^2、节能率不低于20%的示范项目建设。节能改造的实施在一定程度上减少了公共建筑的运行能耗，如商场建筑和文化教育建筑的能耗有明显下降。2015年至2016年能耗水平基本稳定，2017年平均单位面积年能耗有明显下降，该趋势反映了2016年重庆市再次被列为第二批公共建筑节能改造示范城市，其中任务要求应完成不少于350万m^2的改造项目。重庆市于2017年12月提前完成任务，节能改造措施的实施减少了公共建筑的运行能耗。2018年平均单位面积年能耗比2017年略有下降，该趋势反映了重庆市持续开展公共建筑节能改造示范项目的建设，其任务要求重庆市在“十三五”期间完成不少于 500 万 m^2 的公共建筑节能改造项目并实现节能率不低于 15%的目标。

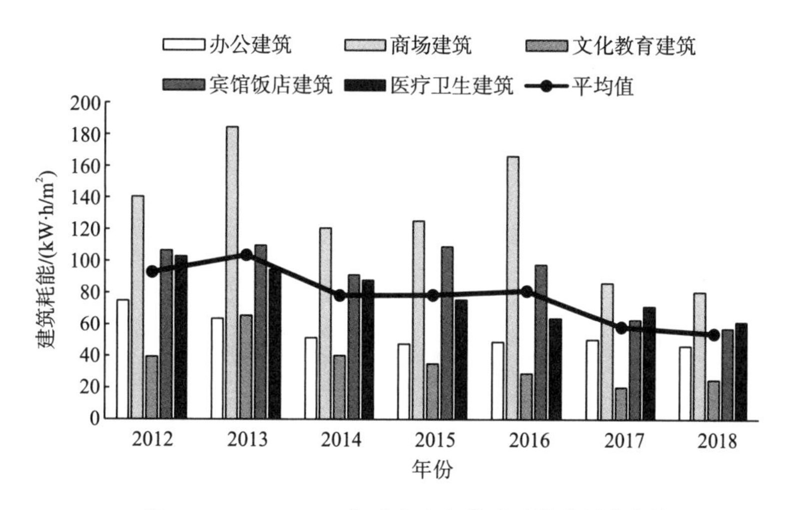

图 6.4　2012—2018 年重庆市各类型建筑能耗变化情况

6.5　总　　结

重庆市国家机关办公建筑和大型公共建筑能耗监测平台截至 2018 年 12 月 31 日共计完成 367 栋、约 2 063.7 万 m^2 面积的监测。对上传的用电量数据进行分析发现，典型类型公共建筑平均单位面积年用电量大多低于重庆市《机关办公建筑能耗限额标准》《公共建筑能耗限额标准》给出的引导值。未来重庆市建筑能耗监测平台将进一步扩大公共建筑运行能耗数据的监测范围，不断解决平台存在的问题，充分利用监测平台的运行数据指导重庆市公共建筑节能工作的开展。

作者：重庆大学丁勇、王雨、吕婕、李文婧、夏婷、刘一凡、袁梦薇

技 术 篇

第7章　既有公共建筑绿色化改造室内环境提升

绿色建筑遵循保护地球环境、节约资源、确保人居环境质量等可持续发展的基本原则，我国绿色建筑在过去十几年也得到了长足的发展，《绿色建筑评价标准》(GB/T50378—2014)对绿色建筑的7个实施方面进行了不同的权重分配，公共建筑中权重分配为节地与室外环境0.13、节能与能源利用0.23、节水与水资源利用0.14、节材与材料资源利用0.15、室内环境质量0.15、施工管理和运营管理各占0.10[1]。在国家绿色建筑系列标准中，绿色办公建筑、绿色校园建筑、绿色商店建筑、绿色医院建筑、绿色饭店建筑和绿色博览建筑评价标准陆续发布。考虑到各类指标重要程度的相对差异，在编制特定功能类型建筑的评价标准时，重新对不同规模特定功能建筑进行了调研分析，并通过专家权重打分等方法建立评价权重[2]。因此，可以认为一级权重变化代表在此类建筑类型中的重要程度变化。

室内物理环境作为绿色建筑室内环境性能的重要体现，在绿色建筑评价体系中包括声环境、光环境、热湿环境和空气质量。比较不同功能类型建筑的一级权重可以发现，室内环境质量在整个评价指标体系中，其权重值仅次于节能与能源利用。并且在《绿色建筑评价标准》之后的特定功能类型建筑，室内环境质量在其中的权重都有0.01～0.05不同幅度的提升。与普通建筑相比，绿色建筑对室内环境的多项技术指标提出了更高的要求，而达到这些指标要求的措施，也就成为提升绿色建筑室内物理环境性能的关键技术策略。本章的研究将聚焦于室内物理环境中的声环境、光环境、热湿环境性能要求，通过对比各功能建筑的性能要求差异，分析提升性能的技术策略。

7.1　绿色建筑室内物理环境要求

7.1.1　室内声环境

城市环境噪声按噪声源的特点可分为四大类：工业生产噪声、建筑施工噪声、交通运输噪声和社会生活噪声，室内声环境的营造主要受到房间物理性质的影响。绿色建筑室内声环境以主要功能房间的室内噪声级和主要功能房间的隔声性能来评价，对比分析时以《民用建筑隔声设计规范》(GB50118—2010)为基础，对于常规建筑，满足其中的“低限标准”即可，而绿色建筑则需根据评价的要求，达到更高的要求。因此，本节将“低限标准”作为一般要求，将“高要求标准”作为绿色建筑的更高要求。由于各类建筑内房间类型众多，因此在比较不同功能类型的建筑要求时，只选取其较主要的两类功能房间比较分析。不同功能类型建筑选取房间类型和一般要求如表7.1所示[3]。

表 7.1　不同功能类型建筑主要功能房间要求

建筑类型	主要功能房间	室内允许 A 声级噪声/dB	相邻房间空气声隔声性能/dB	楼板撞击声隔声性能/dB
办公建筑	普通办公室	≤45	≥45	≤75
	普通会议室	≤45	≥45	≤75
校园建筑	普通教室	≤45	≥50	≤75
	教师办公室	≤45	≥45	≤75
商店建筑	普通商店	≤55	≥45	—
	娱乐场所	≤55	≥55	≤50
医院建筑	病房	≤40	≥50	≤75
	诊室	≤45	≥40	—
饭店建筑	客房	≤40	≥40	≤75
	餐厅(宴会厅)	≤55	≥45	—
博览建筑	展厅	≤55	≥45	—
	阅览室	≤40	≥50	≤65

注：“—”表示《民用建筑隔声设计规范》(GB50118—2010)未做要求。

主要功能房间室内噪声级是评价室内声环境的定量指标，图 7.1 所示为绿色建筑中对各功能类型建筑室内噪声级较一般要求的提升幅度。为了营造良好的室内声环境，建筑围护结构应该有良好的隔声性能，包括空气声隔声性能和楼板撞击声隔声性能。图 7.2 和图 7.3 所示分别为绿色建筑中对各功能类型建筑空气声隔声性能和楼板撞击声隔声性能较一般要求的提升幅度。

由图 7.1～图 7.3 可知，饭店建筑室内噪声级、空气声隔声性能和楼板撞击声隔声性能要求都是最高的。客房是其重要的功能房间，调查结果显示：在影响客房舒适度和有碍睡眠的诸多因素中，被调查者选择噪声的比例均为最大，认为饭店建筑客房的隔声应提高要求，因此，饭店建筑大幅提高了室内声环境的要求，其室内 A 声级噪声要求比一般标准高 10dB，要求提升幅度也最大，客房和餐厅(宴会厅)的提升幅度分别达到了 25%和 18.2%；

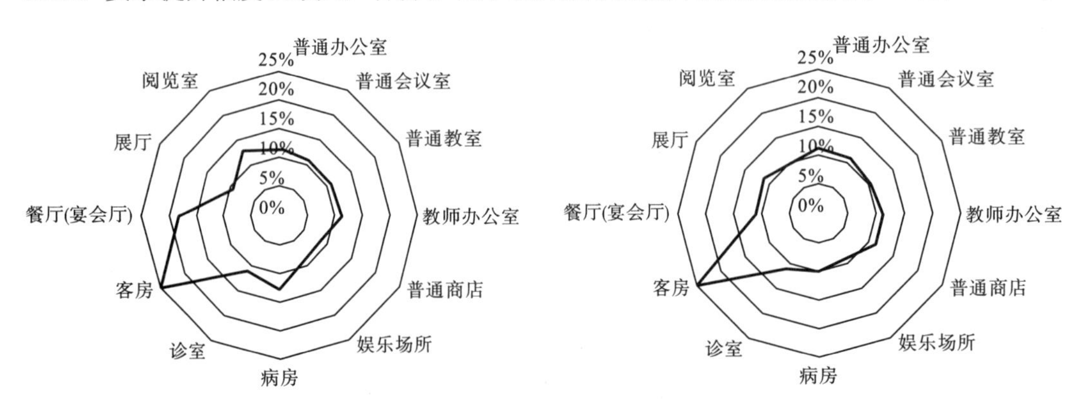

图 7.1　不同功能房间室内噪声级提升幅度　　图 7.2　不同功能房间空气声隔声性能提升幅度

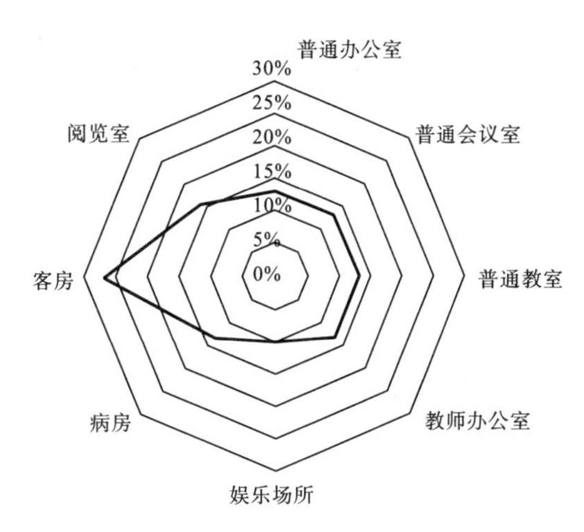

图 7.3　不同功能房间楼板撞击声隔声性能提升幅度

《民用建筑隔声设计规范》(GB50118—2010)未对普通商店、诊室、餐厅(宴会厅)、展厅的楼板撞击声隔声性能做要求，故无提升幅度

客房的隔声技术要求也应比其他功能房间高，空气声隔声性能比一般标准高 10dB，提升幅度为 25%；楼板撞击声隔声性能比一般标准高 20dB，提升幅度为 26.7%。其他建筑类型的室内 A 声级噪声要求比一般标准高 5dB，提升幅度为 9.1%～12.5%。房间空气声隔声性能比一般标准高 5dB，提升幅度为 9.1%～11.1%；楼板撞击声隔声性能比一般标准高 10dB，提升幅度为 13.3%～15.4%。

7.1.2　室内光环境

在绿色建筑的设计中，室内光环境的营造更加鼓励对天然采光的利用，从人们的心理需求和昼夜适应的规律，起着潜移默化的积极影响。合理利用天然采光不仅可以降低照明能耗，还能提高光环境质量，《建筑采光设计标准》(GB50033—2013)对房间室内平均采光系数做出了要求，将校园建筑中的普通教室和医院建筑中的病房列为强制性要求[4]。绿色建筑在满足平均采光系数的基础上，根据主要功能房间采光系数满足要求的面积比例进行评判，将指标对应面积具体化，强调均匀性，避免靠窗采光系数很高，而内区几乎没有采光的情况。基于建筑对采光的需求，本节在国家绿色建筑系列标准的基础上，对不同绿色建筑采光要求及指标进行了对比，结果如表 7.2 所示。

表 7.2　不同功能类型建筑对户外视野和采光系数的要求

建筑类型	《绿色建筑评价标准》公共建筑	校园建筑	商店建筑	医院建筑	饭店建筑	博览建筑
分数设置	4～8	—	5～10	2～6	4～8	4～8
面积比例要求/%	60～80	75 和 80	50～75	60～80	70～90	60～80
特别要求	无	行政办公用房达到 75%，教室达到 80%	只考虑入口大厅、中庭等高大空间	需要采取防眩光措施	无	只考虑有采光需求的主要功能房间

注：由于《绿色办公建筑评价标准》(GB/T50908—2013)没有对采光系数面积比例做出要求，因此表格未列出。

逐一分析不同类型的公共建筑可知：①与《绿色建筑评价标准》公共建筑对采光系数面积比例的要求相比，校园建筑对采光系数达标比例的要求大幅提升，特别是教室的达标面积要求直接达到了《绿色建筑评价标准》中的上限，因此天然采光在校园建筑中是非常重要的一环。②商店建筑的分值有所提高，但最低达标比例降低 10%，由于商场建筑的单层面积通常较大，不利于天然采光，并且《建筑采光设计标准》(GB50033—2013)中未对商店建筑的采光标准值做出要求，因此在评价时只考虑入口大厅、中庭等高大空间，认为商店建筑对天然采光的要求有所降低。③医院建筑分值有所下降，并且有防眩光的要求，其他要求不变，主要原因是在医院建筑中分值更多地分配到其他措施中，如明确要求室内的色彩应充分考虑患者的心理和生理效应、视野良好房间数量的达标比例等。④饭店建筑中面积比例要求整体提高了 10%，饭店的客房、室内中庭和休闲餐饮等功能空间对采光的要求较高，需要足够的自然采光提高室内空间环境的健康性，营造具有亲和力的光环境。饭店建筑通常采用侧向采光，立面设计过程中，需结合日照分析，在选择较高透光率玻璃的同时，优化外窗或幕墙遮阳隔热设计。⑤博览建筑分值设置和面积比例要求都没有变化，展馆对于博览建筑是最主要的功能房间，但某些特殊展厅和文物反而不能受到天然光的直射，因此在评价时只考虑有采光需求的主要功能房间。由此可以发现，不同功能类型的建筑其需求也有所不同，应根据特定房间的特点来选择优化自然采光的措施。

7.1.3 室内热湿环境

室内热湿环境由室内空气温度、相对湿度、风速和室内热辐射四要素综合形成，主要以人的热舒适程度作为评价标准。室内热湿环境质量对人们的身体健康、生活水平、工作学习效率将产生重大影响[5]。绿色办公、校园、商店、饭店建筑对温度、相对湿度、新风量等参数的要求与《民用建筑供暖通风与空气调节设计规范附条文说明［另册］》(GB50736—2012)一致，作为其控制项。但由于建筑类型的差异，为了营造相同的室内热湿环境，需要重点考虑的技术手段也不一样，可从建筑功能分区和室内热源的情况进行分析。

(1)办公建筑：办公建筑规模不同，性质存在差异，小型办公建筑大多数房间为外区，而大型办公建筑有大内区，窗墙面积比较大，房间数量较多，人员相对较分散，设备散热量较大。

(2)校园建筑：大多数房间为外区，窗墙面积比较大，人员非常密集。

(3)商店建筑：单层面积大，大部分房间为内区，人员较为密集，照明负荷很大。

(4)医院建筑：大多数房间为外区，窗墙面积比较大，病房人员相对较分散，根据《绿色医院建筑评价标准》(GB/T51153—2015)的要求，对病房提高了空调室内设计温度的要求。

(5)饭店建筑：大多数房间为外区，窗墙面积比较大，客房人员分散，宴会厅有大量食品散热量。

(6)博览建筑：单层面积大，大部分房间为内区，人员较为密集，由于文物保护的需要，博物馆藏品库房要求温度和相对湿度应保持稳定，温度日较差应控制在 2～5℃，相对湿度日波动值不应高于 5%，且应根据藏品材质类别确定。

可以发现，每一类功能建筑都有各自的特点，应进一步分析其负荷特性。①当大多数房间为外区时，围护结构的传热量较大，建筑应加强考虑围护结构的保温隔热措施，这样既减少了建筑能耗，又降低了室内平均辐射温度，提升了热舒适度。②当窗墙面积比较大时，通过透明围护结构进入的太阳辐射热量较大，建筑应选择传热系数和太阳得热系数更低的玻璃材料，并加强建筑遮阳措施。③当人员较密集时，应合理规划气流组织，确保室内温度场的均匀性；而当人员相对分散时，则应采取空调系统末端现场独立调节的方式，满足人员个性化的需求。④当室内温度有较高需求时，可以考虑恒温恒湿空调的方式，保证室内温湿度的精确调控。因此，虽然绿色建筑的要求相同，但由于建筑类型的差异，营造舒适的室内热湿环境的技术途径完全不同，建筑设计和供暖空调系统设计也应考虑建筑的差异。

7.2　室内物理环境控制要点及技术措施

7.1 节分析了绿色建筑室内物理环境的性能要求提升，由于各类建筑的评价标准要求存在差异，为了便于分析比较，仍以《绿色建筑评价标准》为分析基础。为了达到更高品质的室内物理环境，需要结合当地的气候条件和主动的控制技术，而室内物理环境所包含的方面众多，本节针对绿色建筑中要求的主要技术条文进行分析。

7.2.1　围护结构空气声隔声

绿色建筑中对房间室内噪声级和隔声性能都做出了定量要求，除了对噪声源进行控制外，作为建筑对噪声的控制主要反映在围护结构的隔声性能上，包括空气声隔声和撞击声隔声，下面重点分析空气声隔声性能的要求。

单层匀质密实墙的空气声隔声性能除了与入射声的频率有关，还取决于墙本身的面密度、劲度、材料的内阻尼等因素，其典型隔声频率特性曲线如图 7.4 所示[6]。

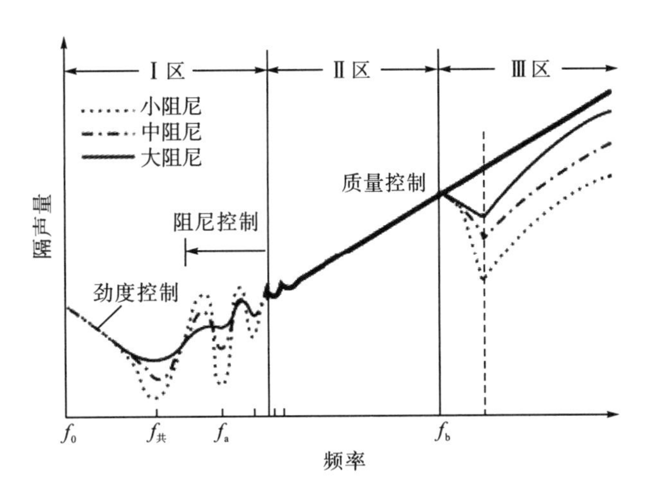

图 7.4　单层匀质墙典型隔声频率特性曲线

由图7.4可知，从低频f_0开始，隔声量受到劲度控制，随着声音频率的增加而降低。频率继续增加，质量效应增强，在达到共振频率$f_{共}$时，劲度和质量效应相抵消产生了共振现象，此时墙的振幅很大，隔声量出现极小值；劲度和质量效应之间的阶段隔声量主要受控于构件的阻尼效应；频率进一步提高，则质量起到了主要的控制作用，隔声量随频率的增加而增加。一般情况下，日常的声频在$f_a \sim f_b$之间，墙的共振频率$f_{共}$低于日常的声频范围，因此质量控制常常是空气声隔声量最重要的控制因素。在此情况下，声波垂直入射时，可以计算墙的理论隔声量R_0，计算公式为[6]

$$R_0 = 10\lg\left[1+\left(\frac{\pi mf}{\rho_0 c}\right)^2\right] \tag{7-1}$$

式中，m——墙单位面积的质量，即面密度(kg/m^2)；

f——入射声波的频率(Hz)；

ρ_0——空气密度，取1.2 kg/m^3；

c——空气中的声速，取344 m/s。

一般情况下，$\pi mf \gg \rho_0 c$，即$\dfrac{\pi mf}{\rho_0 c} \gg 1$，式(7-1)可以简化为

$$R_0 = 20\lg\left(\frac{\pi mf}{\rho_0 c}\right) = 20\lg m + 20\lg f - 43 \tag{7-2}$$

如果声波并非垂直入射，而是无规则入射，则墙的隔声量R为

$$R = R_0 - 5 = 20\lg m + 20\lg f - 48 \tag{7-3}$$

由式(7-3)可知，对于入射声波频率不可控制的噪声，只能通过提高墙的面密度来提高隔声量，因此对墙体隔声量的提升应重点从墙体的面密度提升来考虑。在入射声波频率不变的情况下，将所需要提高的隔声量要求与墙体面密度的提高倍数绘制出函数关系图，如图7.5所示。

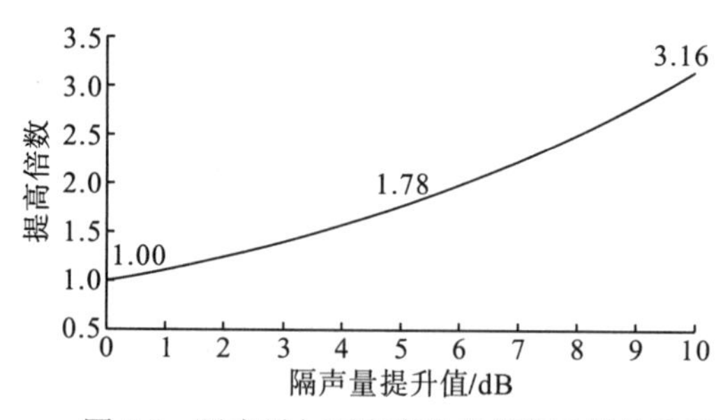

图7.5 隔声量与面密度提高倍数函数关系图

通过对比发现，虽然各个功能房间绿色建筑对其提升幅度的百分比不同，但在绝对值上，大多数对于外墙、楼板、隔墙等围护结构的空气声隔声性能要求提高5dB，饭店建筑性能要求提高10dB。由图7.5可知，当面密度增加为原来的1.78倍时，墙的隔声量可以提高5dB；当面密度增加为原来的3.16倍时，隔声性能可以提高10dB。通过增加墙体厚度，或者选择密度较大的材料可以达到增加面密度的目的。

此外，把单层墙一分为二，做成有空气层的双层墙，在总质量不变的情况下，隔声量

也会显著增加。这主要是因为声波入射到第一层墙时，使墙板发生振动，但由于空气层具有减振作用，传到第二层墙的振动已经减弱许多，从而提高了墙体的总隔声量。资料显示，双层墙存在少量刚性连接(实际这种情况较多，称为声桥，声桥过多会使空气层隔声失效，设计时应避免)，当空气层厚度增加到 5cm 以上时，对大多数频带隔声量可以增加 5dB。用松软材料填充空气层，可以使隔声量进一步增加 2～8dB[7]。采用多种方法结合，可以使建筑隔声性能进一步提高，从而满足绿色建筑对于隔声性能要求的提升。

7.2.2　天然采光

室内光环境中采光系数是重要的评判依据，影响采光系数的因素主要有窗墙面积比、外窗类型、体形系数、建筑朝向等，其中窗墙面积比的影响效果最为显著[8]，但如何设计窗墙面积比能够达到绿色建筑室内光环境要求，目前并没有明确的对应指标。为此，下面基于采光系数的要求，选取重庆地区实际房间进行采光模拟分析，结合实测结果调整输入条件，研究分析改变房间的窗墙面积比与采光系数达标面积比例的变化规律。

1. 实测研究

为了避免树木及其他建筑的遮挡，实际房间位于 8 层，测试时间为 16:00，测试天气为阴天，室外照度测试值为 6500lx。实测房间的长、宽、高(地面到吊顶的距离)为 15.0m×7.9m×3.2m，外窗朝向为南偏东 30°，外窗面积为 3.5m×2.0m×2+3.3m×2.0m=20.6m^2，由此可以计算出该房间的窗墙面积比为 0.43。实测时布点参考《采光测量方法》(GB/T5699—2017)，在仪器精度满足要求的前提下，为了更详细地了解室内采光系数的分布情况，特别是窗口采光系数衰减较快的位置，本次测试布置了更加密集的测点，以房间西北角为原点，布点原则为：①沿长度 x 方向 400mm、1 400mm、2 100mm、2 800mm、3 500mm、4 900mm、6 300mm、7 000mm、7 700mm、8 400mm、9 800mm、11 160mm、11 820mm、12 480mm、13 140mm、14 400mm 处布置 16 个测点；②沿宽度 y 方向 700mm、1 300mm、1 900mm、2 500mm、3 100mm、3 700mm、4 300mm、4 900mm、5 500mm、6 100mm、6 700mm、7 100mm、7 300mm、7 500mm、7 700mm 处(被柱挡住时不测最后 4 点)布置 15 个测点；③高度 z 方向取参考平面为 750mm，在窗台位置(距窗 800mm 内)测点高度为窗台高度 900mm。布点位置如图 7.6 所示，共 224 个测点。

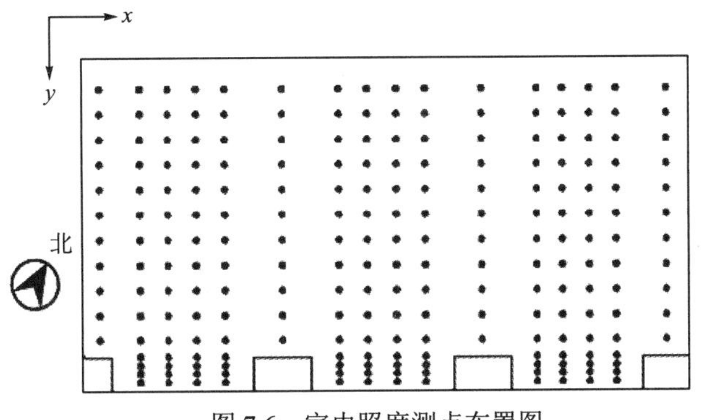

图 7.6　室内照度测点布置图

根据采光系数的定义[4]可计算各测点的采光系数为

$$C=(E_{\mathrm{n}}/E_{\mathrm{w}})\times 100\% \tag{7-4}$$

式中，C——采光系数(%)；

E_{n}——室内照度(lx)；

E_{w}——室外照度(lx)，本次测试为6 500lx。

根据实测数据计算采光系数，结果如表7.3所示。

表7.3　实测采光系数结果

y \ x	400	1 400	2 100	2 800	3 500	4 900	6 300	7 000	7 700	8 400	9 800	11 160	11 820	12 480	13 140	14 400
700	1.9	1.8	1.8	1.9	1.8	1.8	1.8	1.8	1.8	1.9	1.8	1.9	1.9	1.9	1.9	1.9
1 300	1.9	1.9	1.9	1.9	1.8	2.0	1.8	1.9	1.9	1.8	2.0	1.8	1.8	1.9	1.9	1.9
1 900	2.0	1.8	1.9	1.9	1.8	2.0	1.8	1.9	1.8	1.8	1.9	1.8	1.8	1.8	1.8	2.0
2 500	2.2	2.1	2.0	2.0	2.0	2.4	2.2	2.1	2.1	2.2	2.4	2.1	2.3	2.2	2.2	2.2
3 100	2.8	2.5	2.5	2.5	2.5	2.8	2.8	2.6	2.5	2.6	2.6	2.5	2.6	2.8	2.6	2.5
3 700	3.0	2.8	3.2	3.1	3.0	3.2	3.0	3.2	3.1	2.9	3.2	3.0	3.0	3.1	2.8	3.0
4 300	3.8	4.0	4.4	4.2	4.1	4.0	3.9	4.5	4.2	4.0	4.1	4.1	4.4	4.4	4.1	3.6
4 900	4.8	5.5	6.3	6.1	5.3	5.0	5.4	6.1	6.1	5.5	5.0	5.5	6.0	6.0	5.5	5.1
5 500	6.3	8.2	8.9	9.1	8.2	5.9	8.0	9.0	9.0	8.0	5.9	8.2	9.0	9.0	8.1	6.4
6 100	8.6	11.0	11.8	11.7	10.9	5.6	10.8	11.8	11.6	10.8	5.7	10.9	11.6	11.8	11.1	8.5
6 700	14.4	16.3	17.0	17.0	16.2	2.1	16.3	16.8	17.0	16.3	1.9	16.0	16.8	16.8	16.2	14.3
7 100	—	15.8	18.7	18.7	15.7	—	15.8	18.8	18.9	15.8	—	15.7	18.8	18.7	15.8	—
7 300	—	21.3	24.2	24.4	21.2	—	21.2	24.2	24.4	21.3	—	21.2	24.4	24.4	21.1	—
7 500	—	25.5	28.4	28.5	25.4	—	25.4	28.5	28.6	25.5	—	25.3	28.6	28.5	25.3	—
7 700	—	30.2	31.6	31.6	30.2	—	30.0	31.6	31.5	30.0	—	30.0	31.7	31.7	30.3	—

注：表中“—”表示该点被柱挡住，未进行测试。

《建筑采光设计标准》(GB50033—2013)要求公共建筑中主要功能房间有所不同，多数为采光等级不应低于Ⅲ级的采光标准值，即侧面采光的采光系数不低于3.0%[4]。本次测试测点数量较多，因此可以用采光系数达标测点数来推算达标面积比例，但由于布点并不均匀，因此在计算时应按面积加权平均。计算表7.3中的数据可得，距窗800mm内的测点平均值为24.5%，其他测点平均值为5.8%，因此本次实测房间的平均采光系数为6.5%。

此外，当$y\geq 7$ 100mm时，所有测点均达标；当4 300mm$\leq y<7$ 100mm时，有两个靠墙的测点未达到3.0%，达标比例为97.5%；当3 100mm$<y<4$ 300mm时，有3个测点未达到3.0%，达标比例为81.3%；当$y\leq 3$ 100mm时，所有测点均未达标。由此可以计算出该房间采光系数达标面积比例为55.6%。

测试结果显示，在窗墙面积比为0.43时，房间平均采光系数为6.5%，达到了侧面采光的采光系数不应低于3.0%的要求，但达标面积比例55.6%未达到《绿色建筑评价标准》评分项的要求。

2. 模拟分析

为了研究窗墙面积比变化与采光系数达标面积比例的变化情况，这里使用采光分析模拟软件 Ecotect Analysis 2011 进行分析。为了使模拟更接近于实际，先以房间实际情况为基础进行第一次模拟计算，通过调整玻璃透射率、反射比等变量，使模拟结果尽可能与实测值接近，然后通过改变窗墙面积比来研究平均采光系数和达标面积比例的变化规律。图 7.7 所示为实测房间模型，包括房间轮廓和房间内的遮挡物。

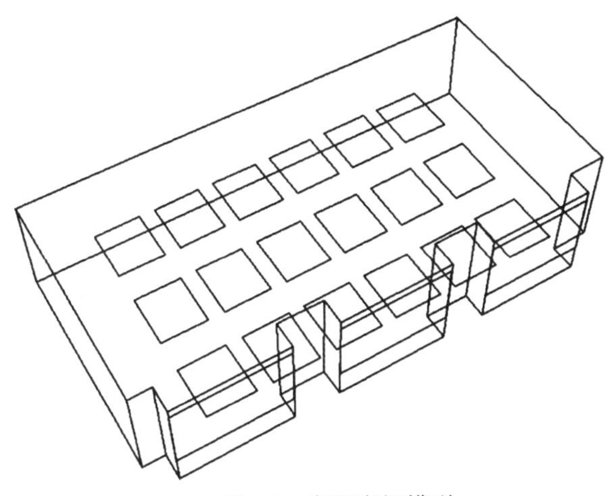

图 7.7　实测房间模型

模拟计算时室内材料计算参数参照《建筑采光设计标准》(GB50033—2013)，结合实际情况，具体取值为：外窗为 12mm 普通单层白玻璃，透射比为 0.86，窗户洁净程度为一般；墙壁其中一面以深色为主，结合棕色木板，综合考虑其反射比为 0.45，其余 3 面为白色粉刷，反射比为 0.6；地面为乳白色大理石，反射比为 0.41；顶棚为石膏板，反射比为 0.8。在计算时选择“regulatory compliance mode”计算方法，与英国建筑研究中心在建筑天然采光估算相关的研究论文中所描述的分项法(split flux)一致[9]，计算精度为“high precision”，计算高度为 750mm，图 7.8 所示为根据上述条件得到的采光模拟结果。

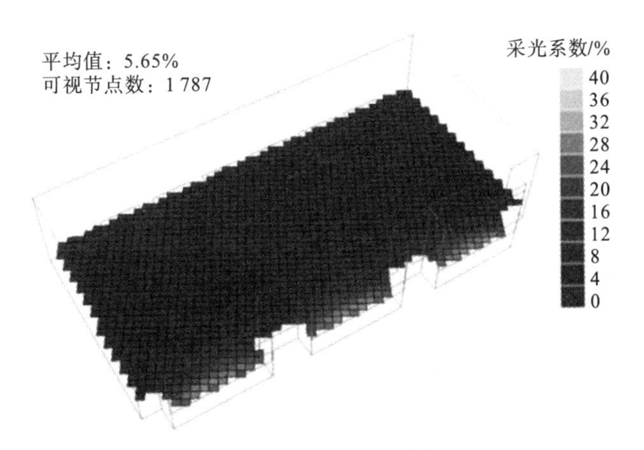

图 7.8　采光系数模拟图

通过计算，房间的平均采光系数为 5.7%，比实际测试的平均采光系数偏小；达标面积比例为 55.4%，比测试值小 0.2%，可以认为与实测值一致。分析造成平均采光系数偏小的原因，可能是由于窗台位置测试平面高度为 900mm，测试照度值更高，但由于窗台位置的采光系数都在 20%以上，因此整体的达标比例并没有受影响。所以可以认为建立的模型与实际基本符合，在此基础上进行了窗墙面积比从 0.3 到 0.6 变化的分析，由于模拟过程中发现 0.40～0.55 这一阶段的变化幅度较大，因此增加了模拟次数，共进行了 11 种状态下的模拟。根据模拟结果绘制出该房间不同窗墙面积比水平下达标比例的散点图，并对其建立拟合方程，如图 7.9 所示。

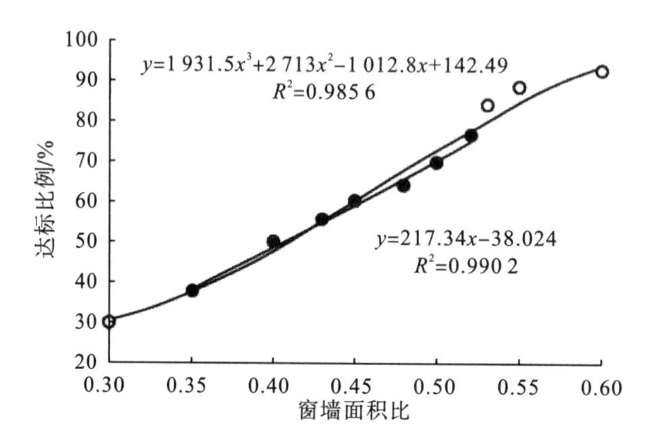

图 7.9 窗墙面积比与达标比例的函数关系图

由图 7.9 可以看出，达标比例随窗墙面积比的增加整体是三次方多项式方程变化，拟合度 R^2 为 0.985 6。但在窗墙面积比为 0.35～0.53 时，对模拟点进行二次拟合，发现线性拟合程度更高，R^2 为 0.990 2。绿色建筑的采光系数达标比例得分从 60%到 80%，每增加 5%可以增加 1 分，而这段范围内的值正好落在窗墙面积比 0.35～0.53 之内，由此可以发现，绿色建筑的得分随窗墙面积比的变化情况可以用线性方程来分析其规律。根据图 7.9 的线性方程，可以计算出达到绿色建筑标准所需要的窗墙面积比，计算结果如表 7.4 所示。

表 7.4 建筑窗墙面积比与绿色建筑达标比例关系

达标比例/%	窗墙面积比	得分
60	0.45	4
65	0.47	5
70	0.50	6
75	0.52	7
80	0.54	8

由表 7.4 可以得出，南偏东的标准房间[未设置外遮阳且室内材料反射比、玻璃透射比等参数符合《建筑采光设计标准》（GB50033—2013）]需要达到绿色建筑最低要求，窗墙面积比至少需要 0.45，且当窗墙面积比增加 0.02 时，达标比例可以增加 5%，即得分可

以增加 1 分，并且当达标比例为 60%～80%时，达标比例与窗墙面积比是线性关系，但具体的上下限值仍需根据实际情况确定，因此只要得出满足最低和最高达标比例的窗墙面积比，就可以根据线性插值的方法确定具体对应达标比例的值，进而确定建筑得分情况。

实际建筑设计时还应考虑外窗类型、体形系数、建筑朝向、房间壁面反射比等多种因素，为了得到其他朝向和室外照度情况下窗墙面积比与采光系数达标的对应情况，根据本节分析方法，可按如下步骤进行。

(1) 根据设计建筑及周边建筑的情况进行建模，根据实际情况确定室外照度、外窗透射率、房间内表面反射比等基础模拟参数，并由不同功能房间确定其参考平面高度。

(2) 通过模拟分析得到采光系数达标比例，改变窗墙面积比，进行多次模拟。

(3) 以窗墙面积比为横坐标，模拟分析结果的采光系数达标比例为纵坐标，绘制散点图，通过线性回归得到其线性拟合关系。

(4) 根据拟合方程计算出实际建筑满足绿色建筑达标比例至少需要的窗墙面积比，还可以根据预期得分需要，对窗墙面积比的建筑采光进行优化设计。

7.2.3　热舒适度等级

通过 7.1.3 节的分析可知，提升围护结构热工性能、改善透光围护结构的太阳得热系数、采取遮阳措施、温湿度独立控制等技术措施都能够改善室内热湿环境，其最终目的是提高人们在室内的热舒适度，因此作为更高要求，下面分析 II 级热舒适提升为 I 级热舒适的热湿环境可以从哪几方面进行。供暖与空调的室内热舒适性应按现行国家标准《民用建筑室内热湿环境评价标准》(GB/T50785—2012) 的有关规定执行，采用预计平均热感觉指数 (predicted mean vote，PMV) 和预计不满意者的百分数 (predicted percentage of dissatisfied，PPD) 评价，热舒适度等级划分应按表 7.5[10]评价。

表 7.5　不同热舒适度等级对应 PMV 和 PPD 值

等级	PMV	PPD
I 级	$-0.5 \leqslant \mathrm{PMV} \leqslant 0.5$	≤10%
II 级	$-1 \leqslant \mathrm{PMV} < -0.5, 0.5 < \mathrm{PMV} \leqslant 1$	≤27%

PMV 的计算式为[11]

$$
\begin{aligned}
\mathrm{PMV} = & \left(0.303\mathrm{e}^{-0.036M} + 0.028\right)\Big\{\left(M - W\right) - 3.05\times10^{-3}\times\left[5733 - 6.99\left(M - W\right) - p_{\mathrm{a}}\right] - \\
& 0.42\times\left[\left(M - W\right) - 58.15\right] - 1.7\times10^{-5}M\left(5867 - p_{\mathrm{a}}\right) - 0.0014M\left(34 - t_{\mathrm{a}}\right) - \\
& 3.96\times10^{-8} f_{\mathrm{cl}}\times\left[\left(t_{\mathrm{cl}} + 273\right)^4 - \left(\overline{t}_{\mathrm{r}} + 273\right)^4\right] - f_{\mathrm{cl}} h_{\mathrm{c}}\left(t_{\mathrm{cl}} - t_{\mathrm{a}}\right)\Big\}
\end{aligned}
\tag{7-5}
$$

式中，M——代谢率 ($\mathrm{W/m^2}$)；

W——外部做功消耗的热量 ($\mathrm{W/m^2}$)；

p_{a}——水蒸气分压力 (Pa)；

t_{a}——空气温度 (℃)；

f_{cl}——着装时人的体表面积与裸露时人的体表面积之比；

t_{cl}——服装表面温度(℃)；

$\overline{t_r}$——平均辐射温度(℃)；

h_c——对流换热表面传热系数[W/(m²·℃)]。

式(7-5)中有8个变量，其中f_{cl}和t_{cl}由服装热阻I_{cl}决定，h_c是风速v_{ar}的函数，W一般情况下可以按0考虑。因此，在人体处于热平衡状态时，PMV的值主要由M、t_a、p_a、$\overline{t_r}$、I_{cl}、v_{ar}共6个变量决定。根据《热环境的人类工效学　通过计算PMV和PPD指数与局部热舒适准则对热舒适进行分析测定与解释》(GB/T18049—2017)附录C中最能代表供冷供热工况的PMV计算结果进行分析发现[11]，无论在哪种工况下，2℃的作业温度变化都可以使PMV变化0.5以上，即可从II级热舒适度提升为I级热舒适度，因此作业温度的变化是室内人员热舒适提升的关键。作业温度的表达式为[12]

$$t_0 = A \times t_a + (1-A)\overline{t_r} \tag{7-6}$$

式中，t_0——作业温度(℃)；

A——风速v_{ar}的函数，当风速＜0.2m/s时，取0.5[11]。

当风速较低时，空气温度和平均辐射温度的影响均占50%，单独考虑二者对作业温度的影响，需要4℃的变化才能实现作业温度2℃的变化。室内的空气温度主要由供暖空调系统决定，通过供暖空调系统调整室内设计温度可以实现整个空调区域的热舒适度改变。当供暖空调系统不变而采用末端独立控制的方式时，可以通过改变空调末端的开闭、风量等提高特定区域热舒适度。综合考虑节能要求，末端独立控制是更合理的技术措施，因此在绿色建筑评价中有对供暖空调系统现场独立调节比例评分项的设置。

供暖空调系统对室内空气温度的影响较为直接，这里不过多讨论，而另一个对作业温度产生影响的因素是平均辐射温度，其意义是一个假想：等温围合面的表面温度，它与人体间的辐射换热量等于人体周围实际的非等温围合面与人体间的辐射换热量，其数学表达式为[12]

$$\overline{t_r}^4 = \frac{\sum_{j=1}^{k}\left(F_{nj} t_{nj}^4\right)}{\sum_{j=1}^{k} F_{nj}} \tag{7-7}$$

式中，F_{nj}——周围环境各表面面积(m²)；

t_{nj}——周围环境各表面的温度(℃)。

建筑中大多数的房间只有一面是外围护结构，并且上下均为其他空调房间，因此当室内空气温度不变时，平均辐射温度的变化只需要考虑外围护结构内表面平均温度的影响。当外围护结构内表面平均温度发生变化时，平均辐射温度的变化值为

$$\Delta\overline{t_r}^4 = \frac{F_{n1}\Delta t_{n1}^4}{\sum_{j=1}^{k} F_{nj}} \tag{7-8}$$

式中，Δt_{n1}——外围护结构内表面平均温度的变化值；

F_{n1}——外围护结构面积(m²)；

t_{n1}——外围护结构内表面平均温度(℃)，计算公式为[13,14]

$$t_{n1}=t_i-\frac{R_i}{R_{0\cdot w}}\left(t_i-t_e\right) \tag{7-9}$$

式中，t_i——室内计算温度(℃)；

R_i——内表面对流换热热阻($m^2\cdot K/W$)，当墙面较为平整时取 0.11[14]；

$R_{0\cdot w}$——围护结构热阻($m^2\cdot K/W$)；

t_e——室外计算温度(℃)。

分析式(7-9)可知，t_i、t_e、R_i 为可以确定的值，因此外围护结构内表面平均温度与热阻的关系为

$$\Delta t_{n1}=\left(t_e-t_i\right)\cdot R_i\cdot\Delta\frac{1}{R_{0\cdot w}} \tag{7-10}$$

其中外围护结构热阻的倒数用传热系数 K_w 代替，由此式(7-8)可以写为

$$\Delta\overline{t_r}=\sqrt[4]{\frac{F_{n1}}{\sum_{j=1}^{k}F_{nj}}}\cdot\left(t_e-t_i\right)\cdot R_i\cdot\Delta K_w \tag{7-11}$$

室内外计算温度与当地气候有关，以重庆市夏季供冷工况为例，取值原则参照《民用建筑热工设计规范(含光盘)》(GB50176—2016)，空调房间室内计算温度取 26℃，重庆市空调室外计算逐时温度的最大值为 35.5℃。内表面对流换热热阻为确定值，当壁面较为平整时内表面换热热阻为 $0.11m^2\cdot K/W$，因此平均辐射温度影响因素主要为外围护结构占房间表面积比例和外围护结构的传热系数。其中单面外围护结构的比例一般为 10%～20%，其变化对平均辐射的影响较小，所以这里主要讨论当外围护结构比例确定时，如何实现平均辐射温度变化值 $\Delta\overline{t_r}$=4℃。

以 7.2.2 节实测房间为分析依据，外围护结构总面积为 $48m^2$，周围环境各表面面积之和为 $383m^2$，该房间的外围护结构面积比例约为 1/8，将已知参数代入式(7-11)，可得到外围护结构传热系数的变化值 ΔK_w 与平均辐射温度变化值的关系为 $\Delta\overline{t_r}=0.621\Delta K_w$，当 $\Delta\overline{t_r}$=4℃时，外围护结构的传热系数变化值 ΔK_w=6.44W/($m^2\cdot K$)。按照《公共建筑节能设计标准》(GB50189—2015)，夏热冬冷地区外墙材料传热系数最低要求为 1.0W/($m^2\cdot K$)，外窗材料最低要求为 3.5W/($m^2\cdot K$)，根据组合墙体的传热系数计算公式[15]，可以得到外围护结构传热系数为 2.08W/($m^2\cdot K$)。可见无论采取什么措施，单面外围护结构的传热系数在国家标准的基础上都不可能达到 6.44W/($m^2\cdot K$)。

那么实际情况下，最多能够实现多少传热系数的变化呢？通过课题前期调研发现，较早的农村地区建筑围护结构没有采取保温隔热措施，外墙传热系数为 2W/($m^2\cdot K$)，外窗传热系数为 6.4W/($m^2\cdot K$)，窗墙面积比为 0.4，外围护结构的传热系数为 3.76W/($m^2\cdot K$)。通过外墙保温、更换外窗形式等措施可以减小到 1.94W/($m^2\cdot K$)，传热系数差值为 1.82W/($m^2\cdot K$)。利用 $\Delta\overline{t_r}=0.621\Delta K_w$ 可计算得到对平均辐射温度的影响 $\Delta\overline{t_r}$=1.13℃，对作业温度的影响 Δt_0=0.57℃，由此可以作出传热系数为 0～1.82W/($m^2\cdot K$)与作业温度 Δt_0 的函数关系图，如图 7.10 所示。

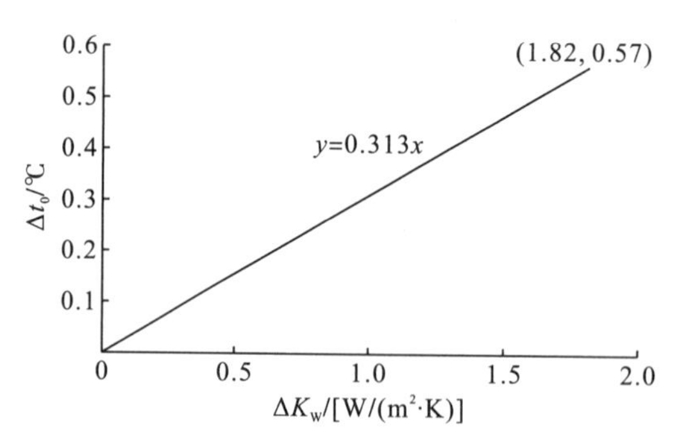

图 7.10 传热系数 ΔK_w 与作业温度 Δt_0 的函数关系图

由于现有建筑的传热系数不会达到本节计算的取值，因此本节在计算时所取传热系数差值已经是实际情况下的极限值，在重庆地区通过围护结构热工性能的改善，作业温度变化 0.57℃也已经达到极限。而在此基础上，还需要 1.43℃的变化才能达到 I 级热舒适度，相应空调室内设计温度的变化至少要达到 2.86℃，其他传热系数变化值对作业温度的影响可以根据图 7.10 得出，并推算达到 I 级热舒适度相对应的空调室内设计温度变化值。其他地区的建筑或外围护结构占房间表面积比例发生较大变化时，可以根据式(7-11)进行计算得到相应的结果。

7.3 结　　论

(1)通过绿色建筑标准体系的对比，室内声环境在不同建筑类型中的性能提升主要体现在室内噪声级、围护结构空气声隔声性能和楼板撞击声隔声性能，不同建筑类型均有不同幅度的提升，其中饭店建筑客房各项指标要求最高；室内光环境主要是对采光系数的要求，不同建筑类型要求差异较大，应根据具体需要选择天然采光的措施；不同建筑类型室内热湿环境设计目标值相同，但由于负荷特性的不同，为了营造相同的室内热湿环境需要重点关注和解决的问题差别很大。

(2)建筑对噪声的控制方式主要反映在围护结构的隔声性能上，包括空气声隔声和撞击声隔声，本章重点分析空气声隔声性能的要求。为了实现空气声隔声性能的提升，通过计算分析，得到墙体面密度与空气声隔声性能呈指数函数关系，当面密度增加为原来的 1.78 倍时，墙的隔声量可以提高 5dB，当面密度增加为原来的 3.16 倍时，隔声性能可以提高 10dB。

(3)室内光环境对天然采光系数的要求，其中窗墙面积比是采光系数的重要影响因素，经过计算分析，当达标比例在绿色建筑要求为 60%～80%时，达标比例与窗墙面积比呈线性关系，因此只要得出满足最低和最高达标比例的窗墙面积比，就可以根据线性差值的方法确定具体对应达标比例的值，进而确定建筑得分情况。

(4)根据室内热湿环境热舒适度等级的计算方法，改善建筑室内热舒适性主要通过作业温度实现。通过本章分析计算，在现行节能标准的要求下，通过围护结构热工性能的改善，作业温度变化极限值为 0.57℃，相应空调室内设计温度的变化至少要达到 2.86℃，才能达到 I 级热舒适度要求。

参 考 文 献

[1]中国建筑科学研究院，上海市建筑科学研究院(集团)有限公司. 绿色建筑评价标准(GB/T50378—2014)[S]. 北京：中国建筑工业出版社, 2014.

[2]王军亮，王清勤，王晓飞，等. GB/T51100《绿色商店建筑评价标准》. 权重与应用分析[J]. 暖通空调, 2016, 36(11): 57-61.

[3]中国建筑科学研究院. 民用建筑隔声设计规范(GB50118—2010)[S]. 北京：中国建筑工业出版社, 2010.

[4]中国建筑科学研究院. 建筑采光设计标准(GB50033—2013)[S]. 北京：中国建筑工业出版社, 2013.

[5]徐小林，李百战，罗明智. 室内热湿环境对人体舒适性的影响分析[J]. 制冷与空调(四川), 2004(4): 55-58.

[6]吴硕贤. 建筑声学设计原理[M]. 北京：中国建筑工业出版社, 2010: 76-80.

[7]王铮. 建筑声学材料与结构——设计和应用[M]. 北京：机械工业出版社, 2006: 334-335.

[8]黎蓉. 夏热冬冷地区居住建筑室内物理环境性能与能耗相关性研究[D]. 重庆：重庆大学, 2017: 47-51.

[9]LI D H W. A review of daylight illuminance determinations and energy implications[J]. Applied energy, 2010, 87(7): 2109-2118.

[10]重庆大学，中国建筑科学研究院. 民用建筑室内热湿环境评价标准(GB/T50785—2012)[S]. 北京：中国建筑工业出版社, 2012.

[11]中国标准化与信息分类编码研究所，中国预防医学科学院. 中等热环境 PMV 和 PPD 指数的测定及热舒适条件的规定(GB/T18049—2000)[S]. 北京：中国标准出版社, 2000.

[12]朱颖心. 建筑环境学[M]. 3 版. 北京：中国建筑工业出版社, 2010: 54-107.

[13]刘加平. 建筑物理[M]. 4 版. 北京：中国建筑工业出版社, 2009: 44-65.

[14]中国建筑科学研究院. 民用建筑热工设计规范(含光盘)(GB50176—2016)[S]. 北京：中国建筑工业出版社, 2016.

[15]王厚华. 传热学[M]. 重庆：重庆大学出版社, 2006: 20-52.

作者：重庆大学丁勇、夏婷、范凌枭

第8章　重庆地区农村建筑热环境与节能潜力分析

随着经济的快速发展，我国建筑能耗增长迅速，2013年建筑运行总能耗达7.56亿t标准煤，占全国总能耗的19.5%，节能问题越来越受到人们重视。但人们对节能的研究主要是针对城市建筑，针对农村建筑的节能研究相对较少。而我国农村地区人口众多，住宅总面积大。截至2015年，全国农村住宅面积已经超过320.68亿m^2，其中当年新增8.56亿m^2，且90%以上是居住建筑，约占全国房屋建筑面积的65%。随着我国农村地区经济水平的快速增长和居民生活水平的日益提高，农村居民对居住环境的热舒适要求也在逐步提高，而现阶段大部分农村住宅的室内热环境水平较差，特别是在夏热冬冷地区。同时，供暖空调设备在农村也逐渐得到使用，这必然导致用于改善居民室内热湿环境的能耗增加。因此，农村建筑的节能问题在当今社会已不容忽视。为了解重庆市农村建筑室内热环境情况，探寻目前重庆地区农村建筑的节能发展现状，本章对重庆地区典型农村居住建筑的室内热环境状态进行了长期监测，并结合短期调研测试，通过问卷调查了当地居民对热环境的主观可接受程度及常用的热湿环境调控措施和通风习惯，分析得到了现阶段该地区农村建筑的室内热环境状态和水平，并采用相关热环境分析工具，分析了建筑外围护结构热工性能的提升对室内热环境的影响。在此基础上，利用DesignBuilder软件对建筑进行全年供热供冷能耗模拟，根据农村建筑热工性能的优化进行节能潜力与经济性分析，以期得到重庆地区农村建筑室内热环境改善的关键策略，为重庆市农村建筑热舒适水平提升和能耗水平控制提供参考和依据，为农村新建居住建筑的设计提供理论指导，使农村建筑既能满足经济可行性要求，又能达到节能的目的。

8.1　室内热环境测试调研

8.1.1　测试调研地点和时间

为详细了解重庆地区农村建筑的室内热环境状况，于2015年对重庆地区某典型农村建筑的室内热环境进行了长期监测，并在2015年1月中旬和7月中旬对建筑室内热环境进行了现场测试，同时针对农村居民的主观热感觉及常用热环境调控措施和通风情况进行了问卷调查，冬、夏季各收集到125份有效问卷。

8.1.2　测试调研方法和内容

1. 长期测试和现场测试

研究所选取的重庆地区某典型农村建筑建于2000年，其平面图如图8.1所示，建筑外围护结构基本参数如表 8.1 所示。

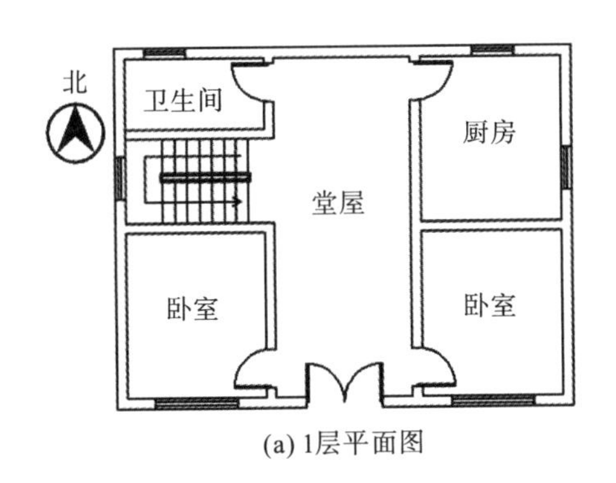

(a) 1层平面图

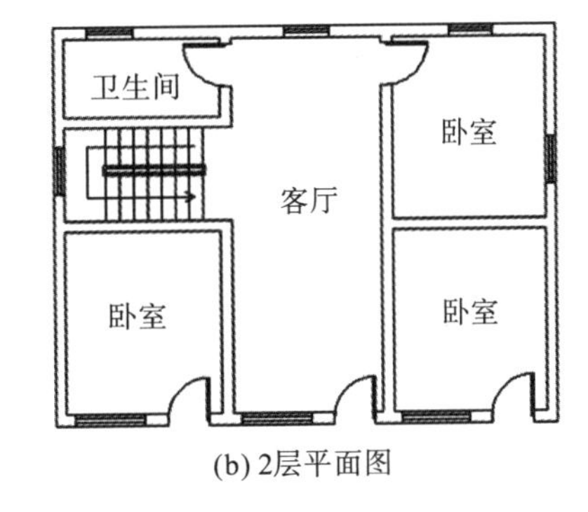

(b) 2层平面图

图 8.1　建筑平面图

表 8.1　建筑外围护结构基本参数

围护结构部位	构造形式	热工性能指标
外墙	20mm 水泥砂浆+240mm 黏土实心砖+20mm 水泥砂浆	K=2.03W/(m^2·K) D=3.61
屋面	20mm 水泥砂浆+240mm 钢筋混凝土+20mm 水泥砂浆	K=3.14W/(m^2·K) D=2.32
外窗	铝合金窗框+6mm 单层玻璃	K=5.40W/(m^2·K)
外门	木门	K=3.00W/(m^2·K)

对该建筑主要功能房间的室内外温湿度参数进行了为期 1 年的连续监测，每 30min 记录一次数据。在短期调研测试期间，对各主要功能房间(堂屋、客厅、卧室和厨房)在白天自然通风状态下的室内热环境参数进行了实测。测试时间分别为 10:00、13:00 和 16:00，主要测试参数及所用仪器设备如表 8.2 所示。测点根据《民用建筑室内热湿环境评价标准》(GB/T50785—2012)的相关要求进行布置。

表 8.2　主要测试参数及所用仪器设备

测试参数	所用仪器	型号	精度
温度/相对湿度	温湿度记录仪	HOBO UX100-003	±0.21℃/±3.5%
温度/相对湿度	手持温湿度计	TESTO635-1	±0.21℃/±3.5%
风速	热线风速仪	TESTO425	±(0.03m/s，5%测量值)
黑球温度	黑球风速仪	Az778	±0.6℃

2. 问卷调查

问卷调查的内容主要包括：①被调查者个人基本信息，如性别、年龄、服装穿着等；②对冬、夏季自然通风状态下室内温湿度的主观可接受程度；③冬、夏季常用的供暖和降温措施及开门开窗通风情况。问卷由调查者协助被调查者完成并记录相关原始信息。

8.2 室内热环境现状分析

8.2.1 室内温湿度状况

1. 全年温湿度分布

该典型农宅室外及室内主要功能房间全年温湿度的长期监测结果如图 8.2～图 8.4 所示。可以看出，该地区农村室外气候条件呈典型的夏热冬冷特征，夏季(6～8 月)平均温度为 28.0℃，冬季(12～2 月)平均温度为 9.1℃，全年平均相对湿度高达 74.5%。而自然通风条件下，室内温湿度分布特征与室外类似，堂屋夏季平均温度为 27.8℃、最高温度为 32.9℃，冬季平均温度为 9.6℃、最低温度为 7.1℃；2 层南向卧室夏季平均温度为 27.2℃、最高温度为 33℃，冬季平均温度为 9.9℃、最低温度为 6.6℃；年平均相对湿度均在 75% 左右。室内主要功能房间的温湿度受室外环境影响较大。

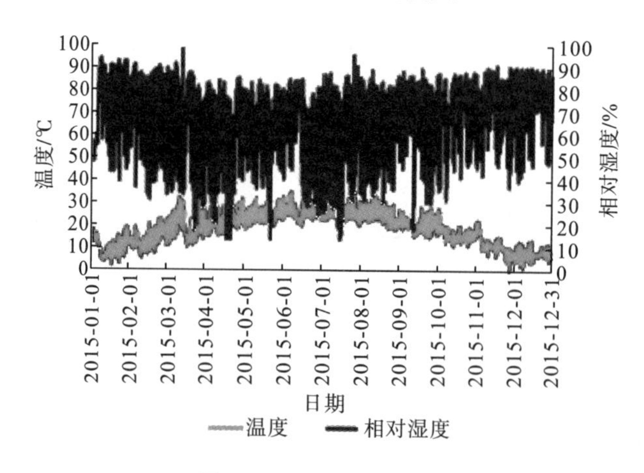

图 8.2 室外全年温湿度分布

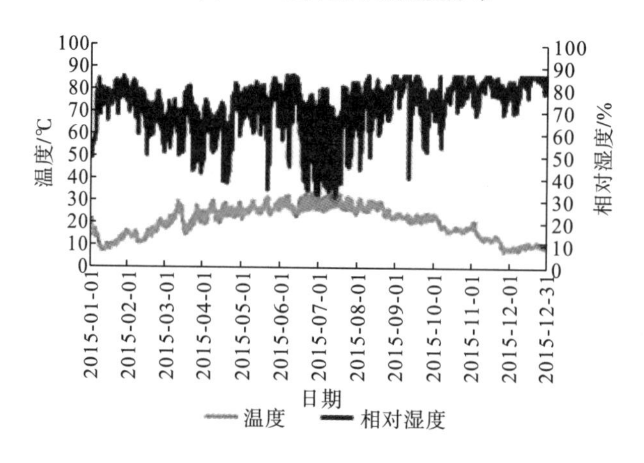

图 8.3 堂屋全年温湿度分布

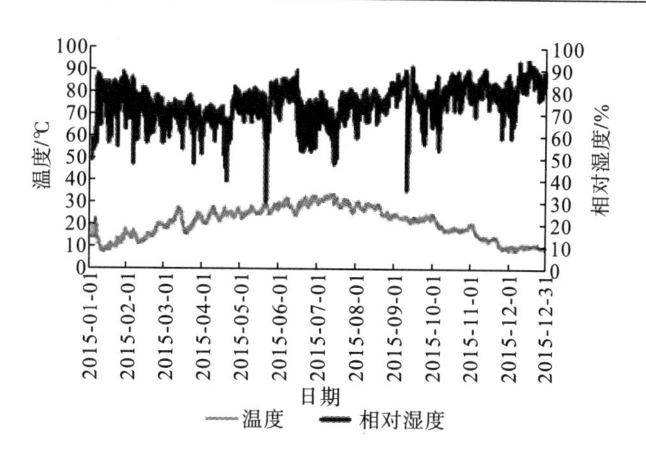

图 8.4　2 层南向卧室全年温湿度分布

2. 夏季和冬季典型日温度分布

该农村建筑在夏季和冬季连续 3 个典型日的堂屋和 2 层南向卧室的温度分布分别如图 8.5 和图 8.6 所示，统计数据如表 8.3 所示。结合图表中的数据可以发现，由于建筑围护结构的热惰性，堂屋和南向卧室的温度相对于室外温度都有明显的衰减和延迟。夏季，堂屋的平均温度和温度标准差均小于南向卧室；冬季，堂屋的平均温度高于南向卧室，二者温度标准差相当。分析其原因在于：夏季堂屋南向开门、北向开窗，自然通风条件比单面开窗的南向卧室要好，且堂屋外围护结构面积与南向卧室(包括南、西向外墙及屋顶)相比相对较小，因此堂屋的平均温度低于南向卧室且温度波动小；同理，在冬季，由于南向卧室外围护结构热损失大，因此平均温度低于堂屋，且从图 8.6 中可以发现，堂屋和南向卧室的温差在夜间显著减小，这是由于夜晚时段卧室内人员和设备散热量增加。可见，建筑外围护结构是影响室内热环境的重要因素，此外通风状况及人员和设备散热的影响不容忽视。

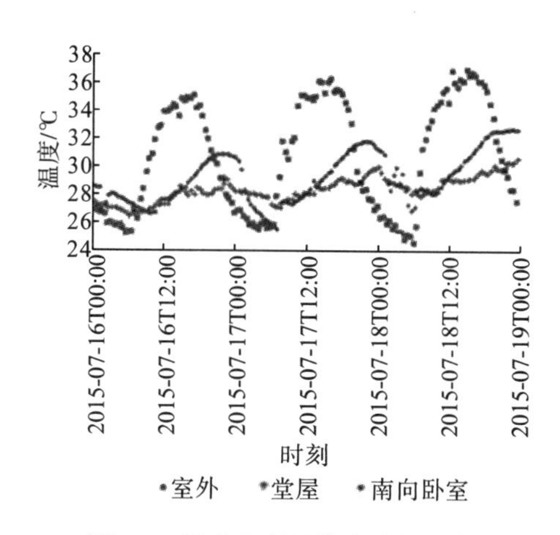

图 8.5　夏季典型日的室内外温度分布

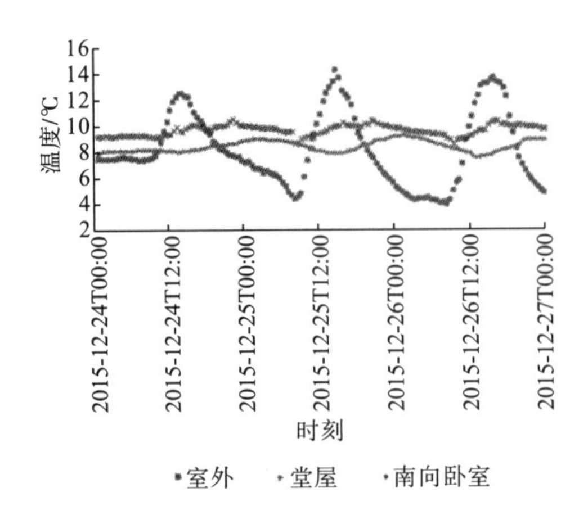

图 8.6 冬季典型日的室内外温度分布

表 8.3 冬、夏季典型日堂屋和南向卧室温度分布统计 （单位：℃）

季节	监测位置	平均	最高	最低	标准差
夏季	室外温度	30.6	36.8	24.6	3.96
	堂屋温度	28.4	30.7	26.5	0.94
	南向卧室温度	29.2	32.7	26.6	1.86
冬季	室外温度	8.0	14.2	3.9	2.81
	堂屋温度	9.6	0.4	8.5	0.41
	南向卧室温度	8.4	9.2	7.5	0.42

8.2.2 外墙热工性能优化

1. 客观评价

对于所选的典型农村建筑，全年白天开门、夜晚关门，除冬季夜晚外，其他时间开窗，极少采用人工冷热源进行供暖供冷，全年绝大部分时间室内环境处于非人工冷热源的自然通风状态，因此可采用《民用建筑室内热湿环境评价标准》(GB/T50785—2012)的非人工冷热源调控环境的评价方法对其室内热环境进行评价，该标准推荐采用图示法或计算法进行评价。图示法采用体感温度 T_{op} 作为评价指标，如图 8.7 所示，其 II 级(最低达标要求)舒适区的范围是体感温度为 16～30℃。体感温度综合考虑了温度、相对湿度、空气流速、辐射和人体适应性等因素，在大多数情况下，当室内无辐射加热或冷却系统，建筑外围护结构的热工性能满足一定要求，且室内没有产热设备时，体感温度近似等于室内空气温度。对于该建筑，仅外窗的太阳得热系数不符合要求，在之后的计算与讨论中，忽略这一影响，近似以室内空气温度替代体感温度作为室内热湿环境的评价指标。根据该建筑全年室内日平均温度分布情况，以 2 层南向卧室为例，如图 8.8 所示，全年处于非舒适区的天数为 123 天。从 11 月中旬到次年 3 月中旬南向卧室的日平均温度基本低于 16℃，冬季室内热环境处于不舒适状态，且在此期间室内空气相对湿度在 80%以上，实际的热舒适程度更差。而夏季南向卧室日平均温度基本保持在 30℃以下，但结合夏季典型日室内温度分布情况来看，室内温度日较差较大，白天大多数时间仍处于高于 30℃的非舒适区，因此采用图示法并不能完全反映该地区夏季室内热湿环境的真实状况。计算法则采用预计适应性平均热感觉指数(adaptive predicted mean vote，APMV)来评价非人工冷热源的自然通风环境。其计算公式为

$$APMV = \frac{PMV}{1+\lambda PMV} \tag{8-1}$$

式中，PMV——预计平均热感觉指数；

λ——自适应系数，对于夏热冬冷地区的居住建筑取 0.21(PMV>0)或-0.49(PMV≤0)。

自编 APMV 计算程序，输入空气温度、相对湿度、黑球温度、风速、人体代谢率、做功、服装热阻等参数，即可输出对应的 APMV。其中，人体代谢率取坐姿时的代谢强度 69.78W/m^2，对外做功为 0，夏季服装热阻取 0.2clo，冬季服装热阻取 1.2clo，其他参数采用现场实测的各房间参数值。输入相关参数后，计算得到冬、夏季自然通风状态下室内各主要功能房间白天各时段热湿环境的 APMV 值，评价结果如表 8.4 所示。

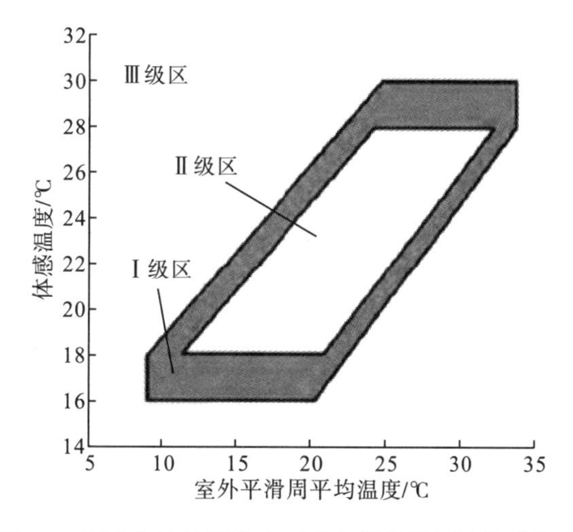

图 8.7　夏热冬冷地区非人工冷热源热湿环境体感温度范围

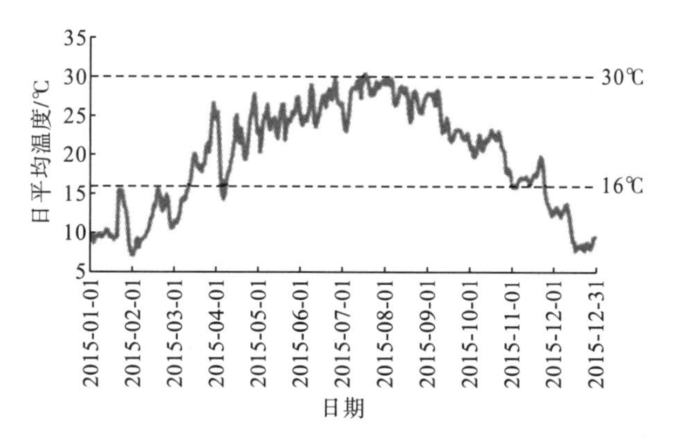

图 8.8　卧室全年日平均温度分布

表 8.4 冬、夏季典型日室内热环境 APMV 评价计算值

房间	10:00		13:00		16:00	
	冬	夏	冬	夏	冬	夏
1层堂屋	−1.3	1.1	−1.4	1.6	−1.3	1.8
1层卧室	−1.3	1.2	−1.2	1.6	−1.2	1.8
2层客厅	−1.4	1.3	−1.4	1.8	−1.5	1.9
2层卧室	−1.4	1.2	−1.3	1.6	−1.3	1.8

表 8.4 结果显示，冬季各功能房间的 APMV 分布为−1.5～−1.2，夏季各功能房间的 APMV 分布为 1～2，处于标准中关于评价等级为Ⅲ级（APMV＜−1 或 APMV＞1）的非人工冷热源热湿环境的范围内，说明所测试的建筑室内热湿环境冬季偏冷、夏季偏热，是不舒适的，大多数人不满意。此外，对比 1 层和 2 层各房间的 APMV 可以发现，2 层各房间该指标的绝对值普遍高于 1 层，在各对比房间的空间相对位置、朝向、开窗情况等基本一致的条件下，显然是由于 2 层各功能房间屋面的保温隔热效果不佳导致了整体热环境更加恶劣。

2. 主观评价

虽然 APMV 指标已经考虑了人对环境的适应性，但是这种适应性与多种因素有关，包括地域、性别、年龄、生活习惯、经济水平等，农村居民与城镇居民对室内热湿环境的适应性也存在较大差异。因此对该地区居民在冬、夏季自然通风状态下室内温湿度环境的主观接受程度进行了调查，结果显示：46%的居民对冬季室内温度可以接受，而 77%的居民对冬季室内高湿环境不可接受；65%的居民对夏季室内温度可以接受，仅 17%的居民对夏季室内相对湿度不可接受。可以发现：在客观评价得出该地区冬、夏季室内热湿环境恶劣的情况下，主观调查显示居民在冬季对室内温度仍有一定的可接受度，但是对高湿环境可接受程度较低；而夏季居民对室内的温湿度均具有较高的接受程度。对比客观评价结果与主观调查结果可以看出，该地区农村居民对室内热湿环境的要求仍处于相对较低的水平，农村居民对环境的耐受度和适应性较高。因此，在充分考虑农村地区的经济水平、居民的生活习惯、对环境的适应性等因素的情况下，对该地区建筑室内热环境进行评价应取与现行标准不同的评价区间，可接受的热舒适温度区间应更宽。

8.2.3 现有室内热环境调控措施

针对上述热环境现状，为了充分了解现阶段农村地区的热环境调控手段，针对重庆农村 125 户住户的冬、夏季供暖和降温措施进行了调查，结果如图 8.9 和图 8.10 所示。调查结果表明：夏季有 92%的住户会采取相应的降温措施，其中电风扇是最主要的方式，使用率达到 90%；空调虽然拥有率接近 50%，但大多数居民的使用率极低。冬季有超过半数的住户不采取任何供暖措施，28%的住户会采用电取暖器，也有超过 14%的住户使用传统的炭火盆。从调研访谈中得知，影响居民冬、夏季采用供暖和降温措施的最主要原因是经

济因素。该地区居民普遍习惯开门开窗，加强室内的自然通风。调查结果显示，该地区超过 80%的居民的开门开窗通风习惯与典型建筑类似，即全年白天开门、夜晚关门，除冬季夜晚外，其他时间开窗，开门开窗自然通风可有效改善室内热环境和空气品质，但是在冬季全天和夏季白天，自然通风也会导致更多的冷、热量进入室内，增加建筑的冷、热负荷。

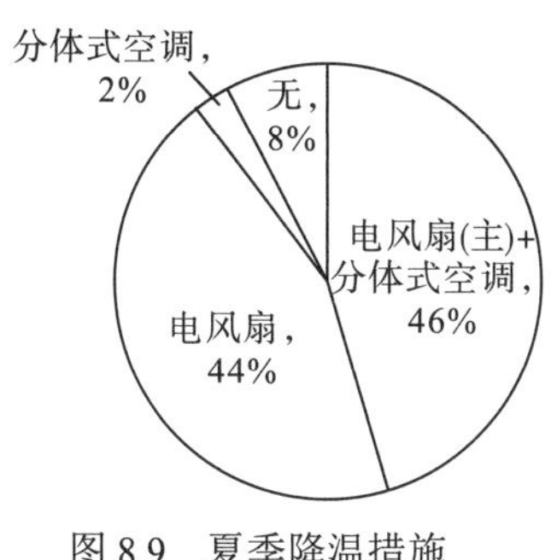

图 8.9　夏季降温措施

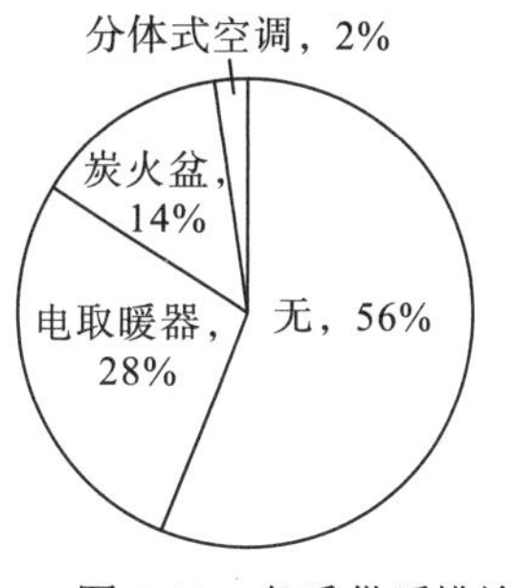

图 8.10　冬季供暖措施

8.2.4　小结

由以上对重庆地区典型农村建筑的室内热环境调研测试分析结果可知，现阶段，该地区农村建筑围护结构的保温隔热效果差(主要围护结构的热工性能指标均未达到现行相关标准规范中的要求)且缺少有效的室内热环境调控措施，导致冬、夏季室内热环境状况较为恶劣，客观上无法达到《民用建筑室内热湿环境评价标准》(GB/T50785—2012)中的 II 级舒适(16℃≤T_{op}≤30℃)要求，但部分居民对室内热环境主观上有一定的可接受程度。建筑室内热环境改善可从主动式和被动式两方面考虑，但由于农村经济条件的限制，大部分农村居民还无法承担长时间采用人工冷热源调控室内热环境所带来的经济压力，因此改善农村地区建筑室内热环境应首先考虑被动式技术的应用。围护结构作为建筑室内外环境进行换热的最重要途径，提高其保温隔热性能，在冬季减少室内热量的散失，在夏季减少室外热量的进入，对改善室内热环境意义重大。

8.3　农村建筑热工性能现状分析

8.3.1　调研对象及方法

2012 年，重庆地区新建巴渝民居已达到 19.8 万户，为了全面获取重庆地区农村居住建筑的基本信息与特征，选取当地有新农村典型民居及农村居民自建住宅的村庄作为调研对象。在 2014 年 8 月与 2015 年 1 月下旬，采用问卷调查结合现场访谈的形式对重庆市涪陵区新妙镇适园村、行政村与潼南区太安镇罐坝村、鱼溅村等村庄展开了调研，共完成建筑调研样本总数 125 户，有效样本数 122 户，有效率达 98%，可以保证调研的正确性和可靠性。其中 53 户建筑是重庆新农村典型民居建筑，其余 69 户建筑由居民自己修建。

通过调研了解农村建筑的基本特征及围护结构常见构造形式，包括外墙、屋顶、窗户、外遮阳情况，查询相关资料，结合理论计算进一步得出围护结构的热工性能指标，并将典型构造形式与现行标准规范中的相关要求进行对比分析，确定其热工性能现状。

8.3.2 农村建筑热工性能现状

1. 建筑外墙

所调研的新农村典型民居建筑和87%的居民自建建筑的结构形式均为砖混结构。由于施工简便、耐久性好、造价低廉、就地取材等优点，砖混结构是重庆农村地区最常见的建筑形式。调研发现，这些砖混结构的建筑外墙主体材料均为烧结黏土砖，典型构造为20mm水泥砂浆＋240mm烧结黏土砖＋20mm水泥砂浆，都没有采取保温隔热措施。相关材料的热工性能参数如表8.5所示。

表8.5 外墙相关材料的热工性能参数

材料名称	厚度/mm	导热系数/[W/(m·K)]	热阻/(m²·K/W)	热惰性指标 D
水泥砂浆	20	0.93	0.02	0.24
烧结黏土砖	240	0.83	0.29	3.13
水泥砂浆	20	0.93	0.02	0.24

注：外墙热阻 R_0 计算公式为 $R_0=R_i+\sum R+R_e$，其中 R_i 为外墙内表面传热热阻，0.115m²·K/W；$\sum R$ 为各层热阻之和；R_e 为外墙外表面传热热阻，0.043m²·K/W。计算得 $R_0=0.49\text{m}^2\cdot\text{K/W}$。

非透光围护结构的传热系数按下式计算。

$$K=\frac{1}{\dfrac{1}{\alpha_n}+\sum\dfrac{\delta}{\alpha_\lambda\lambda}+\dfrac{1}{\alpha_w}} \tag{8-2}$$

式中，K——围护结构的传热系数[W/(m²·K)]；

α_n——围护结构内表面传热系数，取8.7W/(m²·K)；

α_w——围护结构外表面传热系数，取23W/(m²·K)；

δ——围护结构各层材料厚度(m)；

α_λ——材料导热修正系数；

λ——围护结构各层材料的导热系数[W/(m·K)]。

根据传热学原理与公式，计算可得该构造下建筑外墙的传热系数为2.03W/(m²·K)，热惰性指标为3.61。

2. 建筑外窗

通过调研发现：重庆地区新农村建筑窗户的窗框材料主要为普通铝合金和塑钢，其中传热系数较大的普通铝合金应用最为广泛，节能的窗框形式(如断热铝合金、塑钢)应用很少，且全部是单层玻璃的形式，不仅保温隔热性能差，而且夏季会使大量的太阳直射辐射进入室内；而自建建筑的窗户形式主要为木窗框+6mm单层玻璃，并且超过70%的农户采用了对太阳光有一定吸收效果的有色玻璃(蓝色和绿色玻璃的遮阳系数 S_C 约为0.6)。农村建筑的窗框和窗户玻璃形式如图8.11和图8.12所示。

这里窗户的热工性能参数采用美国劳伦斯·伯克利国家实验室开发的 Windows 7.4 窗户热工性能计算软件，并结合相关窗户热工计算标准 ISO 10077-1 进行计算。

计算得到新农村建筑中最常见的铝合金窗框+6mm 单层蓝色玻璃形式的外窗传热系数约为 6.4W/(m²·K)，综合遮阳系数为 0.6；而自建建筑典型的木窗框+6mm 单层蓝色玻璃形式的外窗传热系数约为 4.7W/(m²·K)，综合遮阳系数为 0.6。

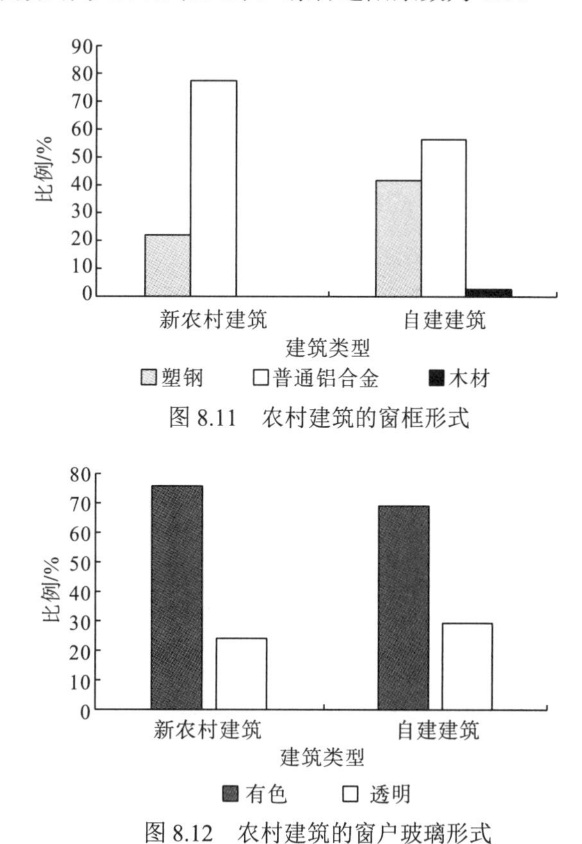

图 8.11 农村建筑的窗框形式

图 8.12 农村建筑的窗户玻璃形式

3. 建筑屋面

通过调研并查阅《重庆市巴渝新农村民居通用图集》(2010 年版)发现，重庆地区新农村建筑屋面的主要结构形式为 20mm 水泥砂浆+25mm 挤塑聚苯乙烯泡沫+180mm 钢筋混凝土+20mm 水泥砂浆。根据上述传热学原理与公式，计算得到典型构造的屋面传热系数为 0.94W/(m²·K)，热惰性指标为 2.81。新农村建筑屋面热工性能参数如表 8.6 所示。

表 8.6 新农村建筑屋面热工性能参数

材料名称	厚度/mm	导热系数/[W/(m·K)]	热阻/(m²·K/W)	热惰性指标 D
水泥砂浆	20	0.93	0.02	0.24
挤塑聚苯乙烯泡沫	25	0.028	0.59	0.49
钢筋混凝土	180	1.51	0.12	1.84
水泥砂浆	20	0.93	0.02	0.24

在所调研的农村自建建筑中，65%的建筑屋面结构形式为钢筋混凝土平屋面，其构造为20mm水泥砂浆+180mm钢筋混凝土+20mm水泥砂浆，没有采取保温隔热措施，计算得到其传热系数为3.14W/(m^2·K)，热惰性指标为2.32。自建建筑屋面热工性能参数如表8.7所示。此外，有20%的建筑屋顶加装了由政府资助的钢结构琉璃瓦顶棚(相当于架空空气层)，13%的建筑采用了蓄水屋面，其余建筑均使用种植屋面，但缺乏合理管理，实际效果也大打折扣。

表8.7 自建建筑屋面热工性能参数

材料名称	厚度/mm	导热系数/[W/(m·K)]	热阻/(m^2·K/W)	热惰性指标 D
水泥砂浆	20	0.93	0.02	0.24
钢筋混凝土	180	1.51	0.12	1.84
水泥砂浆	20	0.93	0.02	0.24

4. 建筑外遮阳

外遮阳是建筑节能的有效途径，国内多位专家学者建议在南方地区使用。调研发现，重庆地区新农村建筑无外遮阳，并且自建建筑中只有12%的建筑在南向设置了固定水平遮阳板，挑出长度一般为300mm，外遮阳系数为0.86，东西向则无外遮阳设施，造成夏季大量的太阳辐射热直接进入室内，导致建筑的制冷能耗增大。

8.3.3 现状分析

重庆地区农村建筑围护结构热工性能对比情况如表8.8所示。通过表8.8可以发现，在重庆地区，新农村建筑的屋面热工性能满足《农村居住建筑节能设计标准》(GB/T50824—2013)的要求，但在外墙与外窗方面，无论是新农村建筑还是自建建筑，其热工性能都不满足《农村居住建筑节能设计标准》(GB/T50824—2013)和《夏热冬冷地区居住建筑节能设计标准》(JGJ134—2010)的限值要求。此外，农村建筑外遮阳应用很少，且主要集中在南向。由于建筑外墙与外窗的保温隔热水平及是否设置建筑外遮阳，在很大程度上会影响建筑的能耗水平及室内热湿环境状况，但经济成本的增量问题又是农村建筑不可忽视的部分，因此提升农村建筑外墙与外窗的热工性能及优化设置建筑外遮阳时，需要综合考虑节能与经济性。

表8.8 重庆地区农村建筑围护结构热工性能对比情况

围护结构部位	建筑形式	热工性能参数	《农村居住建筑节能设计标准》要求	《夏热冬冷地区居住建筑节能设计标准》要求
外墙	新农村建筑	K=2.03W/(m^2·K) D=3.61	K≤1.8W/(m^2·K) (D≥2.5)	K≤1.5W/(m^2·K) (D≥2.5)
	自建建筑	K=2.03W/(m^2·K) D=3.61	K≤1.5W/(m^2·K) (D<2.5)	K≤1.0W/(m^2·K) (D<2.5)
屋面	新农村建筑	K=0.94W/(m^2·K) D=2.81	K≤1.0W/(m^2·K) (D≥2.5)	K≤0.8W/(m^2·K)
	自建建筑	K=3.14W/(m^2·K) D=2.32	K≤0.8W/(m^2·K) (D<2.5)	—

续表

围护结构部位	建筑形式	热工性能参数	《农村居住建筑节能设计标准》要求	《夏热冬冷地区居住建筑节能设计标准》要求
外窗	新农村建筑	K=6.4W/(m²·K) S_C=0.6	K≤3.2W/(m²·K)	K≤3.2W/(m²·K) (窗墙面积比为 0.3～0.4) S_C≤0.45(南向)
	自建建筑	K=4.7W/(m²·K) S_C=0.6	—	

8.4　围护结构对室内热环境的影响及节能分析

8.4.1　外墙

目前针对外墙热工性能提升方法主要有两种方式：一是利用各种保温材料构造保温墙体结构；二是构造双层中空的通风墙体结构。二者的作用原理和效果有所差异。

通过对墙体增加保温材料，有效减缓热流的传递，减小外墙的传热系数，提高了墙体的热工性能，建筑能耗随之降低，其结果如表 8.9 所示。可以看出，建筑全年供热能耗降低幅度高于供冷能耗，这是因为冬季建筑物内外温差大于夏季，所以减小外墙传热系数对冬季建筑节能的贡献要大于夏季。全年空调能耗总体下降 666.4kW·h，节能率达到 17.2%，节能效果显著。

表 8.9　墙体热工性能优化前后建筑全年空调能耗

项目	供热能耗/(kW·h)	供冷能耗/(kW·h)	合计/(kW·h)	节能量/(kW·h)	节能率/%
原建筑	1661.1	2216.2	3877.3	—	—
建筑热工性能优化后	1198.4	2012.5	3210.9	666.4	17.2

根据 DesignBuilder 模拟得到的空调能耗即空调耗电量，可计算出每年节约运行费用 379.8 元；外墙保温材料的投资增量为 1948.8 元，投资回收期为 5.1 年左右，具有经济可行性。此外有文献表明，采用外墙保温的建筑，有利于稳定室温，改善间歇性供暖和空调的效果，能降低夏热冬冷地区供暖及空调的启动频率。所以综合考虑节能与经济性，建议重庆地区农村建筑对外墙采用外保温优化其热工性能，这样满足标准的限值要求，能在一定程度上降低建筑全年空调能耗，提高室内舒适度。

而构造双层通风墙则是在建筑外墙外部增设一层同面积的墙体，上下部均设有可开闭的通风口，内外层之间形成一个空气通道。冬季关闭通风口，封闭的空气层可起到保温的效果；夏季开启通风口，室外空气进入，白天在太阳辐射的作用下温度不断升高，形成烟囱效应，带走外层墙体蓄积的热量后从上部出风口排出，同时也可有效减少外层墙体热量向内层墙体的传递。采用 PHOENICS 分析双层通风墙对室内热环境的改善作用后，可发现对于双层通风墙，内层墙体内表面温度是影响室内热环境的重要参数。内层墙体内表面温度越低，与室内空气的温差越小，通过外围护结构的传热量就越小，对室内的热辐射也越小。分析结果显示，在设定的环境参数条件下(表 8.10)，双层通风墙内空气平均流速为

0.8m/s，内层墙体内表面平均温度为 45.4℃，相比于原来太阳直射时下降了 6.8℃，大大减小了与室内空气的换热温差。冬季关闭上下通风口，中空层相当于保温层，计算得到双层通风墙的等效传热系数 K 约为 0.1W/(m^2·K)，远低于节能设计标准中墙体的传热系数限值。由前述分析可知，降低墙体的传热系数可有效减少冬季的室内外换热量，对改善室内热环境具有积极作用。

表 8.10　模拟参数设置

风向	风速/(m/s)	室外温度/℃	太阳辐照度/(W/m^2)	室内温度/℃
西北	1.8	35.8	730	30.2

8.4.2　屋面

对于建筑顶层的房间，通过屋面的传热量可占房间围护结构总传热量的 20%以上。特别针对重庆地区的夏季，水平屋面全天日照时间长，太阳辐照度大，因此，增强屋面隔热效果对减少建筑空调负荷具有重要意义。目前，屋面常用的热工性能提升方法主要包括屋顶保温、通风屋面等方式。

针对屋顶保温的节能方法和节能效益，将模型建筑中屋顶做法分别按照保温屋顶(参照表 8.11 做法)和非保温屋顶(参照表 8.12 做法)进行设定，传热系数分别为 0.94W/(m^2·K)和 3.14W/(m^2·K)，模拟分析屋顶保温对建筑全年能耗的影响。模拟结果如图 8.13 和图 8.14 所示。结果显示，在夏季室外平均温度最高的连续 3 天，保温隔热屋面白天平均可降低室内温度 0.6℃，其中室内最高温度降低 1.2℃且延迟了约 2h。在冬季室外平均温度最低的连续 3 天，屋面保温夜间平均可提升室内温度 0.8℃，白天提升 0.4℃。同时，根据模拟结果可得到，屋顶有保温的建筑全年节能 3.4%，其中顶层房间的全年节能率达到 26.3%，夏季屋顶内表面日平均温度从 35.7℃降低到 30.8℃，降幅为 4.9℃。在经济性方面，屋顶做保温的增量成本为 732 元，投资回收期为 7.6 年。综合来看，虽然回收期较长，但屋顶保温不仅有利于改善整体建筑的能耗水平，也对营造顶层房间的热舒适环境有着积极的影响。

表 8.11　保温屋顶热工性能参数

材料名称	厚度/mm	导热系数/[W/(m·K)]	热阻/(m^2·K/W)	热惰性指标 D
水泥砂浆	20	0.93	0.02	0.24
挤塑聚苯乙烯泡沫	25	0.028	0.59	0.49
钢筋混凝土	180	1.51	0.12	1.84
水泥砂浆	20	0.93	0.02	0.2400

表 8.12　非保温屋面热工性能参数

材料名称	厚度/mm	导热系数/[W/(m·K)]	热阻/(m^2·K/W)	热惰性指标 D
水泥砂浆	20	0.93	0.02	0.24
钢筋混凝土	180	1.51	0.12	1.84
水泥砂浆	20	0.93	0.02	0.24

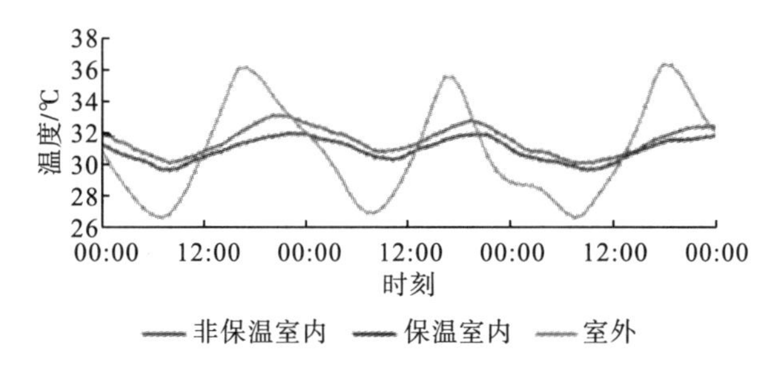

图 8.13　夏季典型日屋面采用保温前后室内温度对比

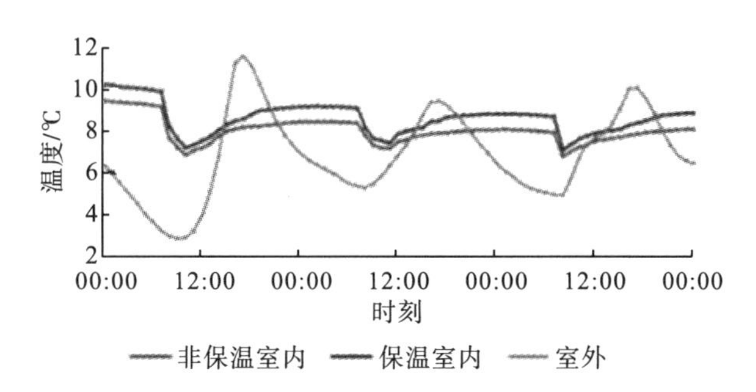

图 8.14　冬季典型日屋面采用保温前后室内温度对比

通风屋面同样也是夏热冬冷地区常用的增强夏季屋面隔热效果的措施之一。采用 PHOENICS 分析双层通风屋面对室内热环境的改善作用，在模型建筑的屋面设置架空空气层，高度为 240mm，支墩尺寸为 240mm×120mm×240mm，支墩间距为 600mm，架空板规格为 600mm×600mm×50mm，模拟的边界条件设置如表 8.13 所示。结果显示，在设定的环境参数条件下，架空层内气流组织良好，空气平均流速为 1.0m/s，屋面内表面平均温度为 50.1℃，相比太阳直射时降低了 8.1℃，室内平均温度降低了 1.5℃。

表 8.13　PHOENICS 中模拟的边界条件设置

风向	风速/(m/s)	室外温度/℃	太阳辐照度/(W/m^2)	室内温度/℃
西北	1.8	35.8	730	30.2

8.4.3　外窗

夏季通过外窗进入室内的得热主要分为两部分：室内外温差形成的热传递和太阳辐射得热。

针对室内外温差传热部分，除考虑所占外窗面积较大的玻璃结构之外，传热系数大的普通铝合金窗框结构也是导致室内负荷增加的主要因素。在模拟中采用建筑中最常见的铝合金窗框+6mm 单层蓝色玻璃形式的外窗传热系数约为 6.4W/(m^2·K)，综合遮阳系数为 0.6；而典型的木窗框+6mm 单层蓝色玻璃形式的外窗传热系数约为 4.7W/(m^2·K)，综合遮阳系数为 0.6。可见，窗框材质对于外窗传热系数有着较大的影响。

重庆地区由于夏季炎热、太阳辐照度大，太阳辐射得热是导致室内热湿环境恶劣的主要原因。针对外窗太阳辐射得热部分，目前 Low-E 玻璃是使用较为广泛的一种节能外窗形式。其原理是 Low-E 玻璃具有对可见光高透射比和远红外线高反射比的特性，使其在夏季可以有效地阻隔太阳辐射进入室内，在冬季又可以有效减少室内远红外热辐射损失。本次模拟以内层玻璃镀膜的遮阳型双层中空 Low-E 玻璃为例，采用夏季室外温度最高的一天，将其与普通传统单层玻璃外窗进行对比分析，结果如图 8.15 所示。在太阳辐射强烈的白天(07:11～19:00)，采用 Low-E 玻璃的房间室内平均温度可降低约 0.4℃，降低幅度较小，分析其主要原因在于开窗通风条件下，Low-E 玻璃的有效作用面积仅为关闭时的一半，同时受通风作用，室内温度受室外高温空气的影响显著。本次模拟建筑的房间仅南向开窗，如果有东西向的开窗，那么由于重庆地区夏季东西朝向窗户全天平均接收的太阳辐照量约为南向窗户的两倍，因此对于东西朝向开窗的房间，遮阳型 Low-E 玻璃减少太阳辐射进入室内、降低室内温度的效果会更明显。冬季分析结果如图 8.16 所示。采用 Low-E 玻璃的房间与采用普通玻璃的房间室内平均温度基本相当，由此可见，Low-E 玻璃对重庆地区以通风为主的建筑其室内热环境的影响较小。

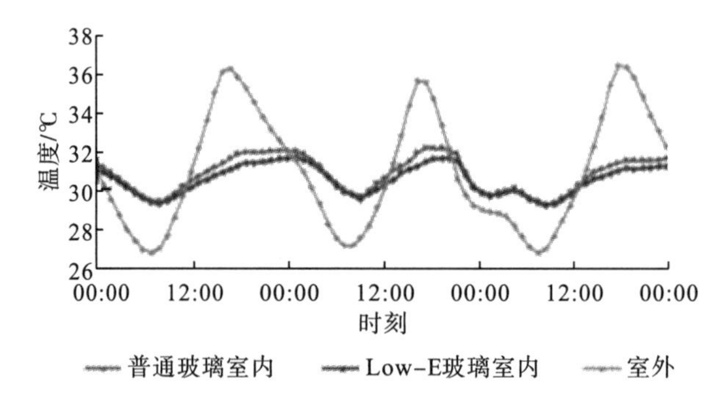

图 8.15　夏季典型日采用 Low-E 玻璃前后室内温度对比

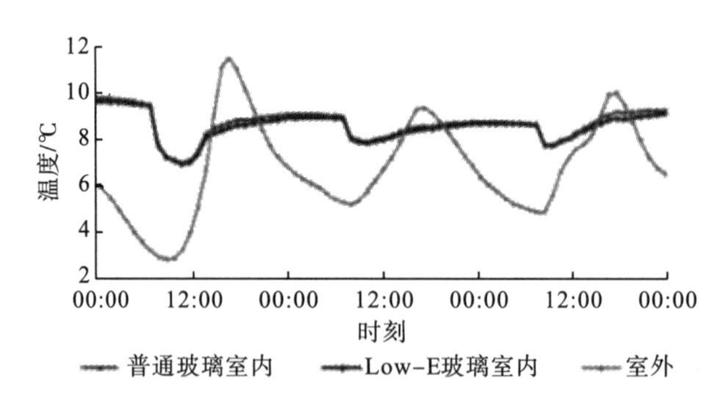

图 8.16　冬季典型日采用 Low-E 玻璃前后室内温度对比

8.4.4　外遮阳

外遮阳是建筑节能的有效途径，国内多位专家学者建议在南方地区使用，其中水平遮阳和竖直遮阳是较常采用的遮阳形式。良好的外遮阳设计既可以节能，又可以调节室内光线分布，还可以丰富建筑立面。尤其是夏季，外遮阳是夏季隔热最有效的措施，它反射和吸收了大部分的太阳热能，避免太阳辐射热直接进入室内，有利于防止室温升高和波动，达到节能目的。

使用 Ecotect 软件分析采用不同遮阳措施时，在遮阳系数相同的条件下，外窗表面太阳总辐照量的变化。首先根据外遮阳计算公式计算水平和竖直遮阳的尺寸，在软件中设置并进行计算，结果如表 8.14 所示。在遮阳系数相同(取 0.85)的条件下，竖直遮阳和水平遮阳时射入到窗户表面的太阳总辐照量差异较大。对于东西向外窗，夏季水平遮阳可减少太阳总辐照量超过 20%，相比而言，竖直遮阳仅能减少 6%～7%，效果较差；对于南向外窗，水平遮阳的效果则更加显著，夏季可减少太阳总辐照量近 30%。冬季，虽然各朝向水平遮阳相比竖直遮阳多减少约 10%的太阳总辐照量，但是重庆地区冬季月平均太阳辐照量较低，约为 100MJ/m^2，不到夏季的 1/4，因此水平遮阳冬季减少太阳辐射进入对室内热环境的不利影响有限。

表 8.14　各朝向设置不同遮阳形式太阳总辐照量对比

		太阳总辐照量/(W·h/m^2)		
		无遮阳	水平遮阳	竖直遮阳
东向	夏季	134 861	106 209(减少 21%)	127 051(减少 6%)
	冬季	44 884	36 402(减少 19%)	39 881(减少 11%)
西向	夏季	156 750	120 832(减少 23%)	145 817(减少 7%)
	冬季	48 672	38 620(减少 21%)	42 568(减少 13%)
南向	夏季	104 144	73 942(减少 29%)	92 671(减少 11%)
	冬季	41 807	33 445(减少 20%)	36 700(减少 12%)

通过建筑外遮阳设计，在 Designbuilder 中对模型建筑进行模拟，其中一户的能耗结果如表 8.15 所示。从表 8.15 中可以看出，设置建筑外遮阳能使建筑全年的空调能耗总体下降 275.5kW·h，节能率达到 7.1%，节能效果不算显著。其中，建筑全年供冷能耗降幅较大，但冬季供热能耗不降反升，这是因为冬季外遮阳减少了进入室内的太阳辐射热。因此外遮阳的设置对建筑能耗的降低有一定的作用，但具体的遮阳形式及参数需要深入探讨及研究。设置建筑外遮阳后，每年可节约运行费用 157 元，由于外遮阳材料采用单价较低的塑料板，投资增量为 278.4 元，投资回收期在两年以内，具有经济可行性。因此综合考虑节能与经济性，建议重庆地区农村建筑采取外遮阳，推荐南向选用水平遮阳，东西向可考虑活动垂直式遮阳等多种形式，北向可不考虑设置遮阳。

表 8.15　采用外遮阳前后建筑全年空调能耗

项目	供热能耗/(kW·h)	供冷能耗/(kW·h)	合计/(kW·h)	节能量/(kW·h)	节能率/%
原建筑	1661.1	2216.2	3877.3	—	—
采用外遮阳设计后	1723.3	1878.5	3601.8	275.5	7.1

8.4.5　小结

通过以上模拟及分析可以发现，不同围护结构部位冬、夏季对室内热环境的影响方式和影响作用的大小均有所不同。冬季，采用外墙和屋面保温，以塑钢双层中空玻璃窗替换原有的铝合金单玻璃窗，提升围护结构的保温性能，对改善室内热环境效果较好。但若在白天通风效果较好且室内热源水平较低的情况下，外围护结构热工性能的提升并不能使室内整体的温度水平满足现行标准中的热舒适要求，仍需要辅以相应的主动供暖措施来提升热环境水平，此时外围护结构保温的效果才能充分发挥。夏季，在自然通风条件下，仅依靠降低外围护结构(包括外墙、外窗、屋面等)的传热系数，并不能有效地降低室内温度，选用热惰性大的围护结构材料、太阳得热系数小的遮阳型双层 Low-E 玻璃、各朝向外窗设置水平遮阳或采用通风外墙和屋面等技术，通过提升外围护结构的蓄热、隔热能力并减少白天进入室内的太阳辐射，可在一定程度上提升夏季室内的热环境水平，也可有效降低空调运行条件下的热负荷水平。

8.5 结 论

(1)重庆地区农村建筑热工性能整体较差，其中外窗大多采用普通单层玻璃加铝合金窗框的形式，建筑外墙基本未做保温，并且二者的热工性能都不满足《农村居住建筑节能设计标准》和《夏热冬冷地区居住建筑节能设计标准》中的限值要求。此外，农村建筑外遮阳应用很少，且主要集中在南向。

(2)重庆地区夏热冬冷，农村住宅全年以自然通风为主，根据《民用建筑室内热湿环境评价标准》(GB/T50785—2012)对其热环境进行评价发现，冬季全天和夏季白天的热舒适水平不能达到II级热舒适(16℃≤T_{op}≤30℃)的要求，建筑的围护结构热工性能差，冬、夏季白天开窗通风及缺乏有效的热环境调控手段等都是导致热环境状态差的原因。但调查结果显示，该地区农村居民对当前的建筑室内热环境仍有一定的主观接受程度，说明农村和城镇居民对于室内热环境的需求及热舒适的感知存在显著不同。相应地，对于农村地区室内热环境的设计、评价也应充分考虑这种差异性，具体体现在农村居民可接受的舒适温度区间更大。

(3)针对重庆地区农村建筑全年开门开窗且极少采用人工冷热源来调控室内热环境的特点，考虑到经济可行，内热环境的改善应从提升建筑外围护结构的保温隔热性能出发。对室内热环境的分析结果显示，在采用常见的保温隔热围护结构形式且热工性能符合相关节能设计标准要求的条件下[外墙 K=0.86W/(m^2·K)，屋面 K=0.77W/(m^2·K)，外窗 K=2.20W/(m^2·K)，太阳导热系数为0.4]，夏季可降低室内平均温度为0.4～1.2℃，冬季可提升室内平均温度为0.5～2.1℃。利用双层通风墙、通风屋面等措施，提升围护结构的隔热和热惰性水平，夏季降低室外温度波动的影响，同时在冬季充当保温的作用，在夏季最炎热时段，西向双层通风墙可降低墙体内壁面温度约 6.8℃，通风屋面可降低屋顶内壁面温度 8.1℃。此外，还可以通过合理设置遮阳，夏季减少太阳辐射进入室内。各朝向水平遮阳效果优于垂直遮阳，夏季可减少约20%的太阳辐射。上述措施综合应用，可提升室内热环境和热舒适水平。

(4)综合考虑节能与经济性，建议重庆地区农村建筑可对外墙采取保温措施，优化其热工性能，满足标准的限值要求。推荐选用 20mm 膨胀聚苯板外保温材料，投资回收期在 5 年左右，既能降低建筑全年空调能耗，又能提高室内舒适度。对于外窗，由于外窗的传热损失是外墙的两倍多，建议重庆地区农村建筑外窗采用双层中空玻璃加塑钢窗框代替原有普通单层玻璃加铝合金窗框，提升外窗的热工性能，同时满足建筑的节能与经济性要求。而重庆地区农村建筑应采取外遮阳设计，推荐南向选用水平遮阳，东西向可考虑活动垂直式遮阳等多种形式，北向可不考虑遮阳。重庆地区农村建筑屋顶建议采用保温设计，其经济性较好，且有利于改善整体建筑与顶层房间的能耗水平及热环境。

作者：重庆大学丁勇、李文婧、沈舒伟、谢源源

第9章　超低能耗(近零能耗)建筑技术体系研究与实践

9.1　研 究 背 景

建筑节能和绿色建筑是推进新型城镇化、建设生态文明、全面建成小康社会的重要举措。《国家新型城镇化规划(2014—2020)》提出了到2020年，城镇绿色建筑占新建建筑的比重要超过50%的目标。《中共中央国务院关于加快推进生态文明建设的意见》提出，要大力发展绿色建筑、实施重点产业能效提升计划等措施，为推动城乡建设工作提出了新的任务和要求。

超低能耗(近零能耗)建筑设计既是建筑行业发展的方向，又是生态环境可持续发展的重要措施，能够有效地改变人们的居住环境。发展超低能耗建筑(近零能耗)是新型城镇化、建设生态文明的客观需要，也是国家“十三五”的绿色发展理念和绿色建筑行动方案的要求。其中，绿色方案中重要的一个方面就是促进绿色建筑节能上一个新的台阶，或者绿色建筑向更高的性能发展。

为了建立适宜我国的超低能耗建筑技术及标准体系，并与我国绿色建筑发展战略相结合，更好地指导我国超低能耗(近零能耗)建筑和绿色建筑的推广。住房和城乡建设部与德国能源署自2009年起展开合作，2012年在哈尔滨和秦皇岛开工建设两个“被动房”示范项目，经项目验证节能率可达92%。

截至目前，我国超低能耗(近零能耗)建筑实践主要分布在寒冷和严寒区域，适用于夏热冬冷地区的建筑设计与施工实践较少。考虑到我国地域广阔，各地区气候差异大，经济发展不均衡和室内环境标准低，以及建筑特点、建筑技术、产业水平、居民生活习惯与德国、丹麦等欧洲国家相比存在很大不同。因此，建立适用于重庆本地超低能耗(近零能耗)建筑的技术体系，保证超低能耗(近零能耗)建筑健康有序发展，是目前迫切需要解决的问题。

9.2　课题研究情况

为此，重庆市住房和城乡建设委员会组织了一系列课题研究，包括“重庆地区超低能耗建筑技术(被动式房屋节能技术)适宜性及路线研究”“近零能耗建筑关键技术集成示范”“近零能耗建筑技术体系研究”等，重庆市科学技术委员会“重庆市近零能耗建筑技术体系及关键技术集成研究与工程示范”被列入2017年重庆市社会事业与民生保障科技创新专项重点研发项目进行研发。

9.2.1　重庆市超低能耗建筑技术(被动式房屋节能技术)适宜性及路线研究

被动式房屋节能技术与现行的节能设计标准不同，被动式超低能耗建筑以明确的能耗指标作为主要目标，具有大幅降低建筑能耗、显著提高和改善居住环境和舒适性等特点。同时，被动式超低能耗建筑代表了现有节能技术和产业支撑的最高水平。研究并客观评价被动式超低能耗建筑在重庆本地气候条件下的适宜性，将为推动被动式超低能耗建筑在重庆的合理落地提供可靠的决策依据。

此课题重点研究了以下几方面内容。

(1)调研国内外被动式超低能耗建筑技术相关研究理论成果和实践成果。

(2)基于住房和城乡建设部编制的《被动式超低能耗绿色建筑技术导则(试行)》，明确及细化重庆市被动式超低能耗建筑技术标准、具体设计指标、相关计算方法及评估分析。

(3)基于住房和城乡建设部编制的《被动式超低能耗绿色建筑技术导则(试行)》，参考河北省、山东省及其他省市被动式超低能耗建筑设计要点，结合重庆市的气候条件，初步建立重庆市被动式超低能耗建筑设计要点。

(4)结合被动式超低能耗建筑要点调研相关配套产品，进行被动式超低能耗建筑实施的经济性测算。同时，结合重庆市节能产业发展现状，分析重庆市推广超低能耗建筑的条件。

此课题拟解决的问题、研究思路及研究内容采用技术路线图的方式，如图 9.1 所示。

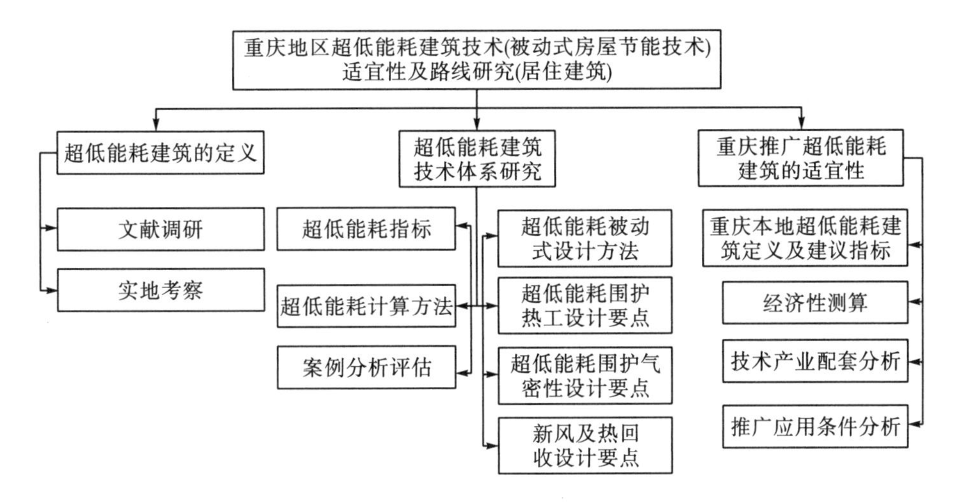

图 9.1　重庆市被动式超低能耗居住建筑研究路线图

9.2.2　重庆市近零能耗建筑技术体系研究与工程示范

该课题为重庆市住房和城乡建设委员会“2017 年度重庆市建设科技计划项目(渝建〔2017〕)536 号”立项项目。此课题拟结合重庆市近零能耗建筑发展需求，针对重庆市典型的夏热冬冷地区夏天湿热高温、冬天阴冷多雨的气候特征及山地城市的地理特征，兼顾冬季保温和夏季隔热及除湿等多个目标，综合考虑发展近零能耗建筑面临的问题：①缺乏适宜近零能耗建筑内涵及其技术体系；②当前节能产品、设备性能无法全面支撑近零能耗目标。

通过开展近零能耗建筑技术体系及关键技术研究，形成基于地域特征的近零能耗建筑技术体系，为推动近零能耗建筑的发展提供技术路线和推广途径。研究内容主要包括以下两个方面。

1. 近零能耗建筑技术体系研究

以重庆本地经济发展水平、产业情况、建筑特点为基础，基于重庆需求开展建筑节能工程、节能技术产品调研，识别筛选适宜近零能耗建筑技术与产品，研究实现近零能耗建筑的高性能关键技术（如高性能围护结构、高效空调机组、可再生能源），建立相应的模型进行测算，结合工程实践提出实施近零能耗建筑技术体系。

2. 近零能耗建筑技术导则编制

根据工程实践经验与模型测算，结合国内近零能耗建筑实施案例及方法，总结归纳近零能耗建筑设计方法，优化完善适宜近零能耗建筑技术体系，编制《重庆市近零能耗建筑技术导则》（暂定名）。

课题总体研究框架如图9.2所示。

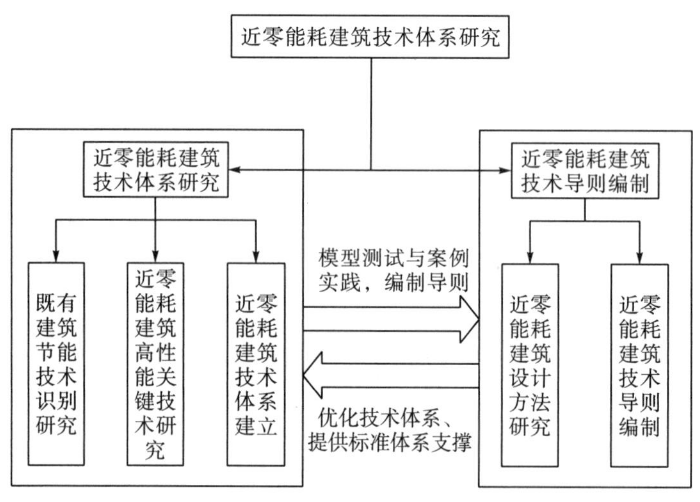

图9.2 课题总体研究框架

9.3 技术路线建议

9.3.1 居住建筑

1. 重庆地区超低能耗建筑（被动式房屋）的主要特征——被动式+超低能耗（能耗限额）+绿色建筑

重庆地区被动式超低能耗居住建筑应以被动技术为优先，通过采用保温隔热性能和气密性能更高的围护结构及高效新风热回收技术，最大限度地降低建筑供暖供冷需求，并充分利用可再生能源，以更少的能源消耗提供舒适的室内环境。另外，被动式超低能耗建筑的建设应结合装配式建筑、相关的智能智慧控制措施同步实施，来满足能耗及舒适指标的限值及绿色建筑的要求。居住建筑能耗指标要求和室内设计参数如表 9.1 和表 9.2 所示。

表 9.1　重庆地区超低能耗建筑关键性指标要求(以居住建筑为例)

项目	超低能耗建筑要求(《被动式超低能耗绿色建筑技术导则(试行)》要求)	重庆本地超低能耗指标
年供暖需求	≤5 kW·h$_{热量}$/(m^2·年)	≤10 kW·h$_{热量}$/(m^2·年)
年降温需求	≤30.5 kW·h$_{热量}$/(m^2·年)	≤25.2 kW·h$_{热量}$/(m^2·年)
照明耗电量	—	—
年供暖、降温和照明一次能源消耗量	≤60 kW·h$_{热量}$/(m^2·年)	≤60 kW·h$_{热量}$/(m^2·年)
换气次数 N_{50}	≤0.6	≤0.6

表 9.2　室内设计参数

项目		参数
温度/℃	冬季	≥20
	夏季	≤26
相对湿度/%	冬季	≥30
	夏季	≤60
新风量/[m^3/(h·人)]		≥30
噪声/dB(A)		昼间≤40；夜间≤30
温度不保证率/%	冬季	≤10
	夏季	≤10

2. 重庆地区超低能耗建筑(被动式房屋)的技术体系

结合重庆的经济发展水平、产业情况、建筑特点、居民生活习惯等因素，重庆被动式超低能耗建筑适应技术路线应该是在建设装配式建筑、成品房的基础上，配合被动技术的应用和智能控制，满足能耗及舒适指标的限值，达到绿色建筑，即被动式+装配式+成品房+智慧+绿色建筑+超低能耗。需要指出的是，非装配式或成品房的项目通过其他措施满足能耗和舒适性指标限值的建筑也可以成为超低能耗建筑，但非最适宜和成本最低的适宜技术路线。重庆地区超低能耗建筑适宜技术路线如图 9.3 所示。

重庆地区应重点发展被动技术，主要包括总体布局、朝向、体形系数、窗墙面积比、外窗传热系数、外墙传热系数、采光、遮阳、自然通风及室内空间布局的合理设计，综合权衡建筑保温、隔热及通风采光需求，降低建筑全年能耗。其中，遮阳措施是关键，也是对超低能耗建筑能耗降低贡献较大的技术策略之一。当然，更应该借鉴国内外超低能耗建筑技术和本地项目实践成果，吸收国内外超低能耗建筑经验，结合重庆市的经济发展、气候条件和资源禀赋，通过集成和创新，形成一套可复制、可推广、可持续的超低能耗建筑的技术路线。

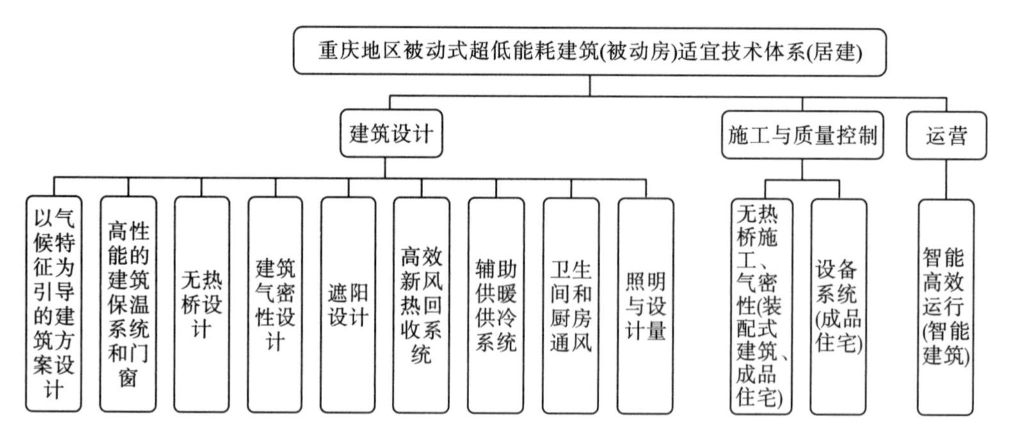

图 9.3　重庆地区超低能耗建筑适宜技术路线(以居住建筑为例)

被动式超低能耗居住建筑，强调通过性能化设计方法，以建筑能耗指标为目标导向，根据本地的气候特征，进行建筑方案的适应性设计，最终实现以更少的能源消耗提供更舒适的室内居住环境。

因此，超低能耗建筑的被动式设计应考虑通过建筑平面的总体布局、朝向、体形系数、窗墙面积比、外窗传热系数、外墙传热系数、采光、遮阳、自然通风及室内空间布局的合理设计，综合权衡建筑保温、隔热及通风采光需求，降低建筑全年能耗，主要的被动式建筑设计策略如表 9.3 所示。

表 9.3　被动式建筑设计策略

<table>
<tr><td rowspan="8">冬季保温策略</td><td rowspan="5">保温策略</td><td colspan="4">合理的建筑体形设计</td></tr>
<tr><td colspan="4">降低建筑围护结构传热系数，提高建筑热阻值</td></tr>
<tr><td colspan="4">避免潮湿，防止墙壁内产生冷凝</td></tr>
<tr><td colspan="4">延缓外围护结构内外表面与室内外环境的热交换</td></tr>
<tr><td colspan="4">提高外围护结构的气密性，以防止冷风渗透</td></tr>
<tr><td rowspan="3">采暖策略</td><td colspan="4">充分利用太阳能</td></tr>
<tr><td colspan="4">利用浅层土壤能</td></tr>
<tr><td colspan="4">地下水</td></tr>
<tr><td rowspan="5">夏季防热策略</td><td rowspan="5">隔热策略</td><td rowspan="5">建筑遮阳</td><td colspan="3">建筑间自遮阳</td></tr>
<tr><td rowspan="4">建筑构件遮阳</td><td colspan="2">屋顶遮阳</td></tr>
<tr><td colspan="2">墙体遮阳</td></tr>
<tr><td colspan="2">整体遮阳</td></tr>
<tr><td>窗户遮阳</td><td>内遮阳</td></tr>
</table>

续表

					内置百叶遮阳
					外遮阳
			植被遮阳	高大乔木对建筑遮阳	
				屋顶小型植物对屋顶遮阳	
				墙面攀爬植物对墙与窗的遮阳	
			混合式遮阳	植物攀缘于附加构件	
				植物种植于附加构件	
		采用浅色外立面材料，提高外表面(非透明部分)反射率			
		降低玻璃传热系数，夏季降低太阳得热系数，冬季保持合理的太阳得热系数			
		控制体形系数、降低传热系数			
		合理控制各朝向外窗窗墙面积比，重点依次为东＞西＞北＞南			
	降温策略	利用冷热空气对流带走热量			风压通风
					热压通风
		利用液体蒸发吸收热量			水的蒸发作用
					植物的蒸腾作用
		利用与较低温介质发生热交换带走热量			地表、浅层土壤
					地下水

3. 节能标准与被动式超低能耗导则对比

1) 围护结构热工参数对比

参考重庆市《居住建筑节能 65%(绿色建筑)设计标准》(DBJ50-071—2016)和《被动式超低能耗绿色建筑技术导则(试行)(居住建筑)》可知，重庆现行居住建筑节能标准和《被动式超低能耗绿色建筑技术导则(试行)》中推荐的超低能耗居住建筑标准中主要围护结构热工性能指标对比情况，如表 9.4 所示。

表 9.4　围护结构对比分析表

类别		重庆市《居住建筑节能 65%(绿色建筑)设计标准》(DBJ50-071—2016)/[W/(m^2·K)]	重庆市《被动式超低能耗居住建筑导则》(夏热冬冷)/[W/(m^2·K)]
外墙		≤0.6～1.2	0.2～0.35
屋面		≤0.5～0.8	0.2～0.35
外窗	传热系数	≤2.2～3.4	1.0～2.0
	太阳得热系数	夏季≤2.2～3.9	冬季≥0.4 夏季≤0.15

《居住建筑节能65%(绿色建筑)设计标准》(DBJ50-071—2016)和《被动式超低能耗绿色建筑技术导则(试行)》对外围护结构的热工性能要求主要有以下两点区别。

(1)相比重庆市现行居住建筑标准，《被动式超低能耗绿色建筑技术导则(试行)》推荐的超低能耗指标除地面仅考虑不结露而进行必要的保温设计外，对外墙、屋面和外窗热工性能指标均进行了大幅度的提升。根据中国建筑科学研究院徐伟在2016年针对超低能耗建筑外墙保温的测算，合理地提高外墙和外窗的传热系数能够有效地降低夏季的冷负荷，但过高地提高外墙和外窗的保温性能则对节能无明显的效果。因此，《被动式超低能耗绿色建筑技术导则(试行)》中建议外墙和外窗的传热系数为区间值，具体的值可通过实际的项目能耗目标，采用性能化设计的方法确定。

超低能耗保温外墙和屋面保温的性能指标主要通过提高保温材料的厚度及合理的搭接方式，在考虑结构安全和耐久性的前提下来达到相应的传热性能指标。

(2)外窗是影响超低能耗建筑节能效果的关键部件。影响建筑能耗的性能参数主要包括传热系数、太阳得热系数和气密性能。现有节能标准中，外窗仅中空充氩气玻璃能够部分满足超低能耗建筑外窗传热性能指标要求，其他的气密性指标和太阳得热系数指标均大幅提升了要求，特别是针对细部节点设计要求，如玻璃层数、Low-E膜层、填充气体、边部密封、玻璃间隔条、型材材质、截面设计和开启方式提出了具体的要求。

另外，超低能耗外窗玻璃的太阳得热系数应兼顾夏季隔热及冬季得热，因此相比现行标准，除大幅降低夏季的太阳得热系数外，还对冬季太阳得热系数提出了要求，以尽量满足冬季太阳辐射得热需求。设计上，夏季应以尽量减少夏季太阳辐射得热，降低冷负荷为主，太阳得热系数应尽量选下限，同时兼顾冬季得热。当设有可调节外遮阳设施时，夏季可利用遮阳设施减少太阳辐射得热，外窗的太阳得热系数宜主要按冬季需要选取，兼顾夏季外遮阳设施的实际调节效果，确定太阳得热系数。

2)能耗对比分析

(1)建筑模型。采用DesignBuilder软件对一典型居住建筑空调及照明能耗进行模拟分析。建筑为6层居住建筑，体形系数为0.40，南北朝向，建筑各朝向窗墙比如表9.5所示。计算模型每层为一梯两户，每户的套内面积为$100m^2$，主要功能房间的面积为$85m^2$。建筑模型(DesignBuilder)如图9.4所示，其标准层平面图如图9.5所示。根据建筑平面功能分区，对标准层进行热工分区，即空调区域、卫生间、厨房和公共区，如图9.6所示。

表9.5　建筑各朝向窗墙比

朝向	外窗面积(包括透明幕墙)/m^2	朝向面积/m^2	朝向窗墙比
东	20.16	284.70	0.07
南	116.34	432.00	0.27
西	20.16	287.85	0.07
北	172.82	432.00	0.40
合计	329.48	1 436.55	0.81

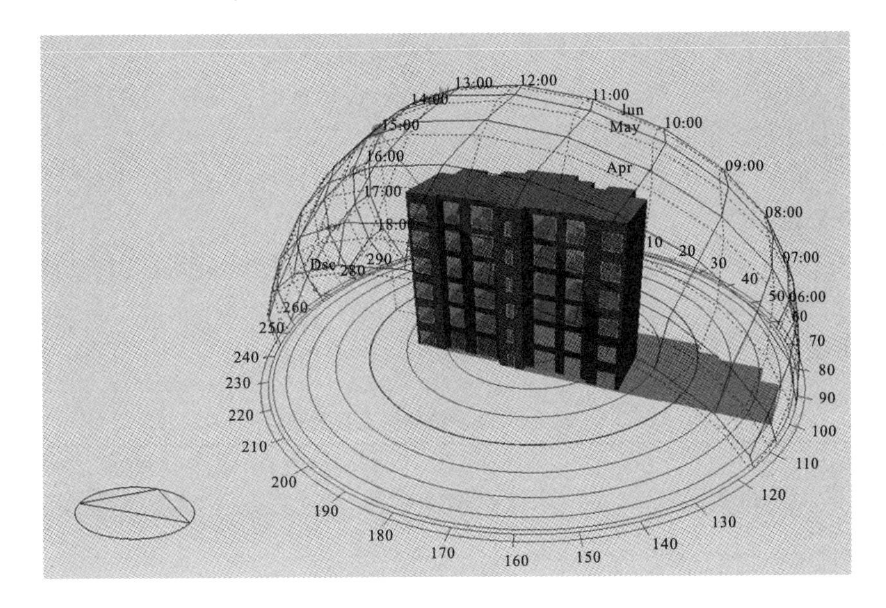

图 9.4　建筑模型(DesignBuilder)

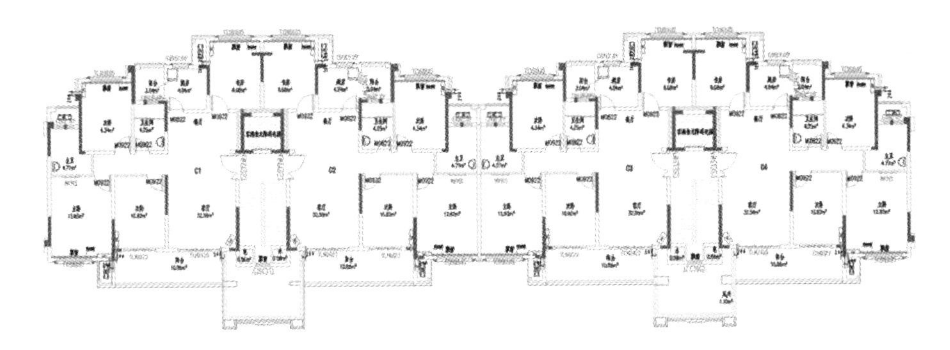

图 9.5　建筑模型的标准层平面图

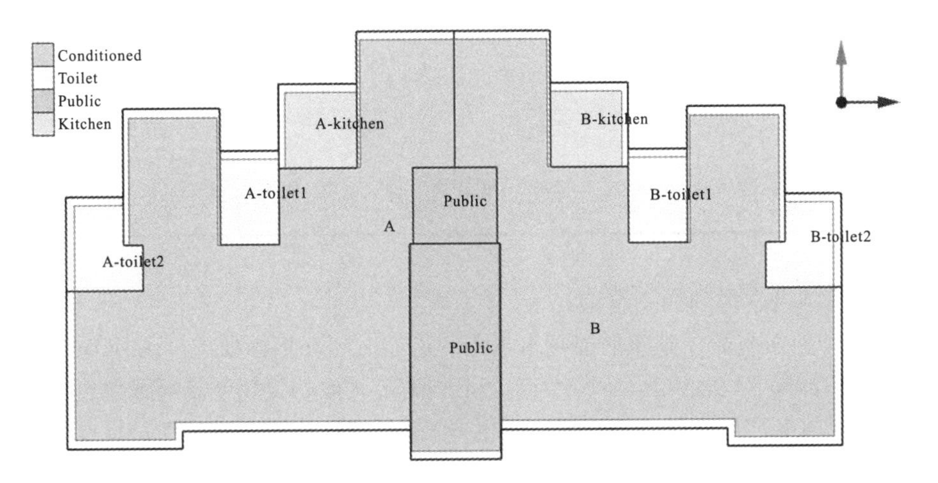

图 9.6　建筑模型的标准层平面图功能分区(DesignBuilder)

(2)对比分析工况。对以下3种工况进行模拟对比分析。

工况1：根据《居住建筑节能65%(绿色建筑)设计标准》(DBJ50-071—2016)中要求的围护结构做法进行能耗分析计算。

工况2：根据《被动式超低能耗绿色建筑技术导则(试行)》推荐的围护结构热工上限值进行能耗分析计算。

工况3：采用《被动式超低能耗绿色建筑技术导则(试行)》推荐的围护结构热工下限值进行能耗分析计算。

不同工况下建筑外围护结构热工参数取值如表9.6所示。

表9.6 围护结构热工参数取值

部位	参数		节能65%居住建筑	超低能耗建筑(《被动式超低能耗绿色建筑技术导则(试行)》推荐值)	
				方式一(上限值)	方式二(下限值)
外墙	平均传热系数/[W/(m^2·K)]		1.09	0.35	0.20
屋面	平均传热系数/[W/(m^2·K)]		0.51	0.35	0.20
外窗	传热系数/[W/(m^2·K)]		2.4	2.0	1.0
	太阳得热系数	夏季	0.44	0.15	0.15
		冬季	0.44	0.40	0.40

(3)分析结论。根据被动式超低能耗定义及相关计算方法，针对6层居住建筑进行计算分析评估，现行节能65%、《被动式超低能耗绿色建筑技术导则(试行)》推荐超低能耗结果，如表9.7所示。

表9.7 超低能耗建筑的能耗指标测算对比

项目	超低能耗建筑要求	节能65%居住建筑	超低能耗建筑方式一(上限值)	超低能耗建筑方式二(下限制)
年供暖需求	≤5 kW·h$_{热量}$/(m^2·年)	24.4 kW·h$_{热量}$/(m^2·年)	10.0 kW·h$_{热量}$/(m^2·年)	3.9 kW·h$_{热量}$/(m^2·年)
年降温需求	≤30.5 kW·h$_{热量}$/(m^2·年)	25.3 kW·h$_{热量}$/(m^2·年)	13.1 kW·h$_{热量}$/(m^2·年)	12.1 kW·h$_{热量}$/(m^2·年)
照明耗电量	—	8.6 kW·h$_{热量}$/(m^2·年)，即为25.2 kW·h$_{热量}$/(m^2·年)		
年供暖、降温和照明一次能源消耗量	≤60 kW·h$_{热量}$/(m^2·年)	74.9 kW·h$_{热量}$/(m^2·年)	48.3 kW·h$_{热量}$/(m^2·年)	41.2 kW·h$_{热量}$/(m^2·年)

根据计算结果，得到如下结论。

①现行节能65%居住建筑的能耗水平不满足超低能耗指标要求。现行节能65%居住建筑的能耗指标为74.9 kW·h$_{热量}$/(m^2·年)，不能满足《被动式超低能耗绿色建筑技术导则(试行)》中夏热冬冷地区的60 kW·h$_{热量}$/(m^2·年)能耗指标要求。重庆现行标准夏季降温需求已能满足超低能耗指标要求，但年供暖需求远不能满足超低能耗建筑要求，需进一步通过提高围护结构保温性能降低年供暖需求和一次能耗消耗量指标。

②采用《被动式超低能耗绿色建筑技术导则(试行)》推荐的上限值，重庆气候条件下

仅能满足超低能耗标准的一次能源消耗总量指标要求和夏季空调能耗要求，不能满足标准冬季采暖指标要求。

③采用《被动式超低能耗绿色建筑技术导则(试行)》推荐的下限值，在重庆气候条件下能满足超低能耗标准的各项指标要求。

从节能测算案例来看，制约重庆市居住建筑满足超低能耗建筑指标的核心问题在于《被动式超低能耗绿色建筑技术导则(试行)》中制定的冬季采暖指标过低，导致重庆本地居住建筑需采取更好的围护结构热工性能才能满足《被动式超低能耗绿色建筑技术导则(试行)》中提出的指标要求。

根据调研和相关标准参考评估，目前被动式超低能耗的设计技术体系与重庆地区常规节能设计的主要差异如下。

(1) 采用保温性能更好的围护结构来有效降低冬季采暖和夏季制冷能耗需求。构造做法上同样采用粘锚结合，但对保温系统、基层墙体材料及锚栓相关性能提出了更高的要求。超低能耗建筑锚固深度应满足：钢筋混凝土墙体锚固深度不少于 30mm，砌体墙体应不少于 50mm，现行的重庆保温砌体如烧结页岩空心砖、节能型烧结页岩空心砖等产品将无法在超低能耗建筑中应用。

(2) 使用热工性能更好的门窗，同时门窗的安装位置与外墙齐平，与现行将门窗放置于外墙中间的做法相比，能够降低 20%左右的能耗损失。

(3) 要求门窗洞口处采用预压膨胀密封带进行气密性设计，来最大限度地保证整体围护结构的气密性；重庆市目前主要以毛坯房为主，预留门窗洞口处的气密性较难保证。因此，被动式超低能耗建筑建议应以成品房为主。

(4) 超低能耗建筑围护结构保温强调形成封闭体系，相比现行节能建筑，女儿墙、空调板、阳台等外挑构件均应进行保温设计。

(5) 被动房为满足建筑整体气密性要求，强调通过室内有组织的进、排风集中换热措施，实现室内环境舒适的提升和建筑节能。相比现行节能建筑，主要增加了一套带热回收的集中排风系统。

(6) 由于超低能耗建筑整体的高气密性及低能耗设计要求，因此超低能耗建筑要求厨房设计有独立的补风系统，与油烟机进行联动控制。

(7) 通过智能控制措施进行室外遮阳及室内照明控制，以减少不必要的照明及空调能耗。

总体来看，目前被动房设计理论较为完善，且国内各个气候区已有 30 多个被动房实践经验，住房和城乡建设部、河北及山东两省已出台相应的设计标准，相应的设计和构造技术基本成熟，通过参考其他地区的实践经验和设计标准，重庆进行被动式超低能耗建设试点的技术条件已基本具备。

建议下一步，可借鉴国内外超低能耗建筑技术成果，吸收国内外超低能耗建筑实践经验，结合重庆市的经济发展、功能定位、气候条件和资源禀赋，通过集成创新和建设试点，形成一套可复制、可推广、可持续的超低能耗建筑设计技术体系。

9.3.2 公共建筑

1. 公共超低能耗(近零能耗)建筑主要技术特征

近零能耗建筑的设计、施工及运行应以能耗指标为约束目标，采用性能化设计方法、精细化施工方法和智能化运行模式。通过被动式技术手段降低建筑用能需求，通过主动式能源系统和设备的能效提升降低建筑(暖通空调、给水排水、照明及电气系统)能源消耗，通过可再生能源系统使用对建筑能源消耗进行平衡和替代，从而使建筑能耗满足近零能耗建筑的能耗指标要求。

近零能耗建筑应进行全装修，室内装修应尽量简洁并由建设方统一进行，并应防止装修对建筑围护结构及其气密性的损坏和对气流组织的影响。室内装修宜采用获得绿色建材标识(认证)的材料部品。

近零能耗建筑的主要特征可归纳为如下几点。

(1)以能耗目标为导向的性能化设计方法。

(2)与项目资源(气候、场地、景观)相适宜的节能技术。

(3)高性能的围护结构。

(4)气密性能更高的外窗。

(5)节能高效的设备系统。

(6)充分的可再生能源。

(7)无热桥的设计与施工。

(8)更加舒适高效的物理环境。

(9)建筑全装修，且采用绿色建材。

(10)更加科学高效的建筑运营管理。

(11)至少满足重庆市《绿色建筑评价标准》(DBJ/T50-066—2014)、重庆市《公共建筑节能(绿色建筑)设计标准》(DBJ50-052—2016)和重庆市《居住建筑节能65%(绿色建筑)设计标准(DBJ50-071—2016)的要求。

2. 室内环境要求和能耗指标要求

健康、舒适的室内环境是近零能耗建筑的基本前提。近零能耗建筑室内环境参数应满足较高的热舒适水平。室内热湿环境参数主要是指建筑室内的温度、相对湿度，这些参数直接影响室内的热舒适水平和建筑能耗。近零能耗建筑的室内热湿环境参数如表9.8所示。

表9.8 近零能耗建筑主要房间室内热湿环境参数

室内热湿环境参数	冬季	夏季
温度/℃	≥20	≤26
相对湿度/%	≥30①	≤60

注：①冬季室内湿度不参与设备选型和能耗指标的计算。

近零能耗公共建筑的新风量应满足现行国家标准《民用建筑供暖通风与空气调节设计

规范［附条文说明(另册)］》(GB50736—2016)的规定。酒店类建筑的室内噪声级应满足现行国家标准《民用建筑隔声设计规范》(GB50118—2010)中室内允许噪声级一级的要求；其他建筑类型的室内允许噪声级应满足现行国家标准《民用建筑隔声设计规范》(GB50118—2010)中室内允许噪声级高要求标准的规定。

重庆地区近零能耗公共建筑能耗指标如表 9.9 所示。

表 9.9　重庆地区近零能耗公共建筑能耗指标

类别	节能率/%	可再生能源贡献率/%
近零能耗公共建筑	≥60%	≥10%

3. 近零能耗公共建筑外围护结构热工性能优化路线

对于近零能耗公共建筑，房间内扰及用能模式和居住建筑有很大差别，差别主要体现在：①公共建筑人员密度大、室内发热设备多；②除酒店旅馆外，大多数公共建筑均在白天使用，夜晚关闭。因此，其围护结构热工性能要求应与近零能耗居住建筑有一定差别。重庆位于夏热冬冷地区，在空调系统节能方面，应以夏季能耗为主，同时兼顾冬季能耗。因此应着重强调建筑遮阳，同时兼顾围护结构的保温性能，以及在建筑设计时，应注意控制其体形系数。

以体形系数为 0.4、外墙传热系数为 0.80W/(m^2·K)、窗墙比为 0.4、外窗传热系数为 2.6W/(m^2·K)、外窗太阳得热系数为 0.4 的办公建筑为对比基准，通过采用 DeST 软件对不同体形系数、外墙传热系数、窗墙比、外窗传热系数、外窗太阳得热系数、窗墙比对空调冷热负荷的影响进行了研究。

体形系数减小率、外墙传热系数减小率与冷热负荷减小率的关系如图 9.7 所示。

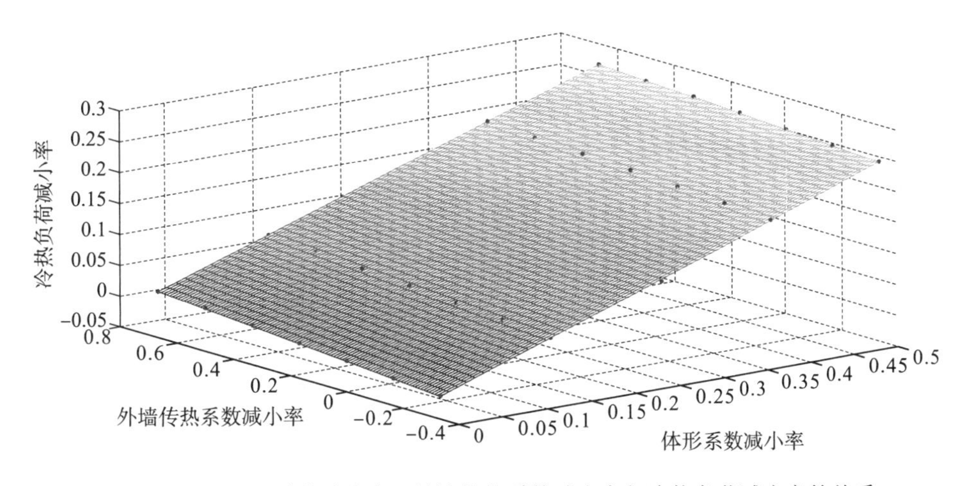

图 9.7　体形系数减小率、外墙传热系数减小率与冷热负荷减小率的关系

体形系数减小率、外窗传热系数减小率与冷热负荷减小率的关系如图 9.8 所示。

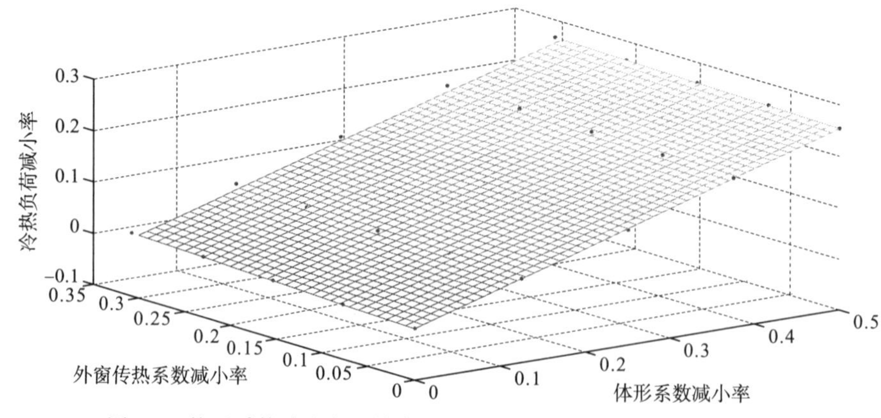

图 9.8 体形系数减小率、外窗传热系数减小率与冷热负荷减小率的关系

体形系数减小率、外窗太阳得热系数减小率与冷热负荷减小率的关系如图 9.9 所示。

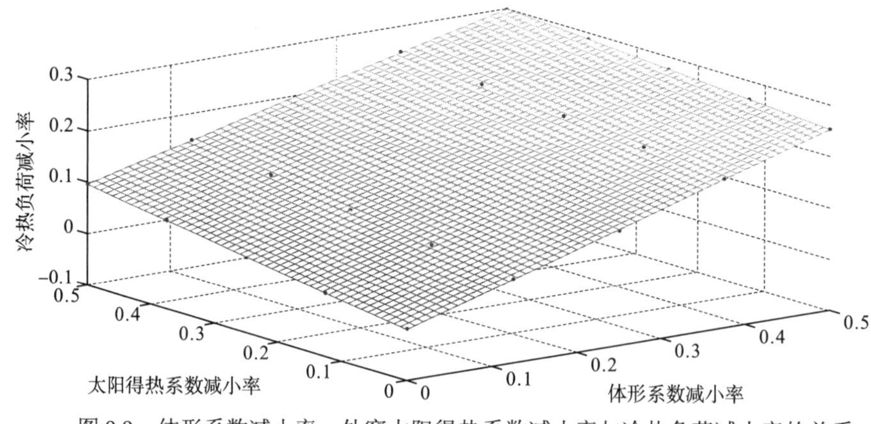

图 9.9 体形系数减小率、外窗太阳得热系数减小率与冷热负荷减小率的关系

体形系数减小率、窗墙比减小率与冷热负荷减小率的关系如图 9.10 所示，窗墙比改动时，调整外窗的传热系数与太阳得热系数，使其满足《公共建筑节能设计标准》(GB50189—2015)的要求，且以窗墙比为 0.65 作为对比基准。

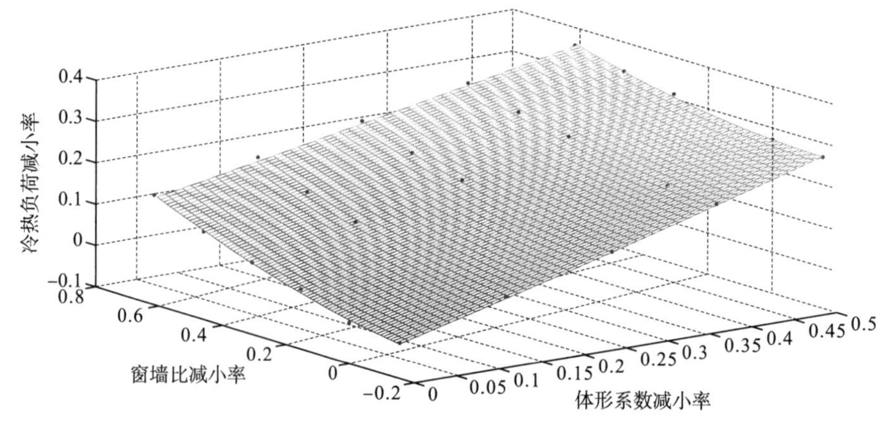

图 9.10 体形系数减小率、窗墙比减小率与冷热负荷减小率的关系

为了评价体形系数、外墙传热系数、外窗传热系数、外窗太阳得热系数、窗墙比对空调冷热负荷及空调能耗的影响，对模拟数据进行线性回归分析，对比每个参数变化率下线性函数的斜率，斜率越大，则说明此参数对空调冷热负荷及能耗的影响越大。通过求取不同体形系数下各影响参数的平均斜率，且外墙传热系数变化率对应函数的斜率为基准 1，求取其他参数对空调冷热负荷影响强弱的平均倍数，如表 9.10 所示。

表 9.10　其他参数对空调冷热负荷影响强弱的平均倍数

项目	外墙传热系数	外窗传热系数	外窗太阳得热系数	窗墙比	体形系数
负荷影响强弱平均倍数	1.00	1.40	3.40	4.92	10.46

由表 9.10 可知，体形系数对空调冷热负荷的影响比外墙传热系数对空调冷热负荷的影响大得多。其影响强弱排序为体形系数＞窗墙比＞外窗太阳得热系数＞外窗传热系数＞外墙传热系数。

可见，在设计近零能耗公共建筑时，首先，应优化建筑的体形系数，尽可能减少外立面的凹凸变化；其次，优化窗墙比，在满足室内自然采光的条件下，尽可能减少窗墙比；再次，优化建筑的遮阳系统；最后，优化外墙的传热系数及外窗的传热系数。

4. 近零能耗公共建筑照明、空调系统优化路线

近零能耗公共建筑采光照明节能设计应采用“被动优先、主动优化”的原则，按需照明，采光设计应先于照明设计，把减少开灯时间作为首要控制目标。灯具应采用高效 LED 灯具，如走廊、楼道、卫生间、地下室、车库、仓库、监控等节能自动照明场所应采用雷达感应 LED 日光灯，当经济合理时，可采用光导照明系统。例如，走廊、楼梯间、门厅、大堂、大空间、地下停车场等场所照明系统宜采取分区、定时、感应灯节能控制措施。办公建筑照明可采用工位照明系统，并能自主调节照明亮度或与自然采光耦合控制。

供暖、空调冷热源设备应根据建筑类型、建筑规模、当地资源条件、能源价格、环保政策等，经技术经济分析合理选择空调系统。应根据典型年气象数据，用能耗模拟软件、CFD 软件对空调系统类型、节能方案做论证分析。空调系统节能设计可从以下几个方面考虑。

(1) 有可供利用的废热或工业余热的区域，热源宜采用废热或工业余热。当废热或工业余热的温度较高、经技术经济论证合理时，冷源宜采用吸收式制冷。

(2) 在技术经济合理的情况下，冷、热源宜利用浅层地热能、太阳能、风能等可再生能源。当可再生能源受到气候等原因影响无法保证时，应设置辅助冷、热源。

(3) 空调冷热源设备可采用一级能效设备，经济合理时，可优先采用磁悬浮空调机组。

(4) 系统冷热媒温度的选取应符合现行国家标准《民用建筑供暖通风与空气调节设计规范》(GB50736—2012) 的有关规定。在经济技术合理时，冷热媒温度宜根据室外气象条件进行自动调节。

(5) 冷水机组的冷水供水、回水设计温差不应小于 5℃，热水供、回水设计温差不应小于 10℃。在经济技术合理的条件下，宜采用大温差、小流量技术。

(6) 当建筑有稳定热水需求时，冷水机组的冷凝热应用于预热生活热水，根据预热后

的冷却水温度判断是否启动冷却塔。

(7)冷却塔应采用变频风机，根据室外湿球温度和冷却塔出水温度进行变频调节。

(8)应根据建筑朝向、建筑房间用能特点细分供暖、空调区域，对系统进行分区控制。

(9)对于学校及宿舍类建筑，空调室内可根据需求设置风扇，减少全年空调运行时间。

5. 典型办公建筑能耗模拟分析

1)建筑基本信息

建筑为6层办公楼，建筑高度为23.2m，建筑面积为10 270.23m^2，空调面积为9 421.69m^2，建筑体形系数为0.158，建筑坐北朝南，其窗墙比如表9.11所示，其外遮阳形式如表9.12所示。

表9.11 建筑窗墙比

朝向	外墙/m^2	外窗/m^2	窗墙比	综合窗墙比
东	412.13	235.85	0.36	0.39
南	974.10	648.21	0.40	
西	412.13	235.85	0.36	
北	973.38	648.92	0.40	

表9.12 建筑外遮阳形式

东向		西向		南向
固定水平百叶遮阳		固定水平百叶遮阳		综合遮阳
百叶宽度/mm	百叶间距/mm	百叶宽度/mm	百叶间距/mm	出挑尺寸/mm
200	300	200	300	500

建筑标准层平面图如图9.11所示。

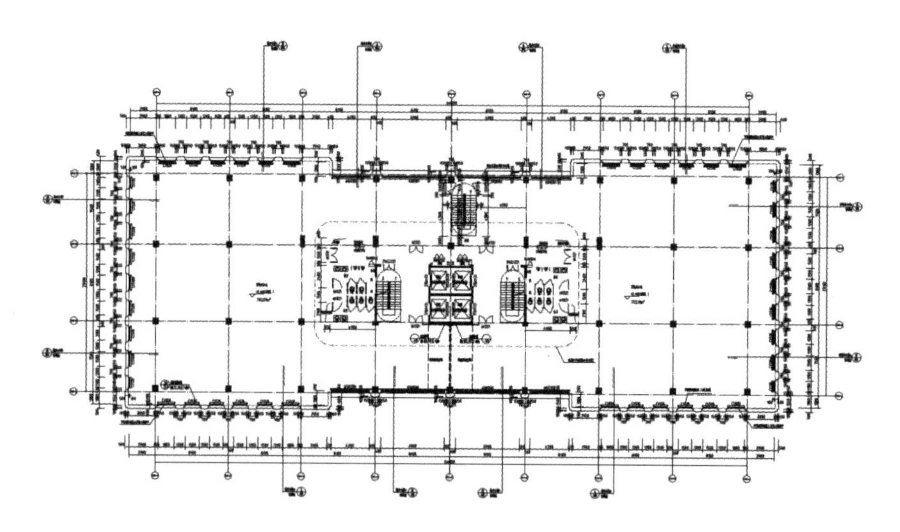

图9.11 建筑标准层平面图

左右两边为大开间的办公室，每个办公室旁边各有一个卫生间。建筑中间区域为电梯井，电梯井上方和左右各有一个楼梯间。其围护结构热工参数如表 9.13 和表 9.14 所示。

表 9.13　非透明外围护结构热工参数

围护结构	传热系数/[W/(m^2·K)]	热惰性指标	表面太阳辐射吸收系数
外立面	0.72	3.43	0.7
屋顶	0.45	5.04	0.7

表 9.14　透明围护结构热工参数

朝向	传热系数/[W/(m^2·K)]	太阳得热系数	可见光透射比
东、南、西向	2.3	0.36	0.68
北向	2.3	0.4	0.68

2) 建筑能耗计算模型

建筑能耗模拟采用 DeST 与 TRNSYS 软件进行模拟，建筑全年冷热负荷、照明插座、动力系统(直饮水系统除外)采用 DeST 进行模拟，空调系统及直饮水系统采用 TRNSYS 进行模拟。建筑物理模型如图 9.12 所示。空调系统模型如图 9.13 所示。

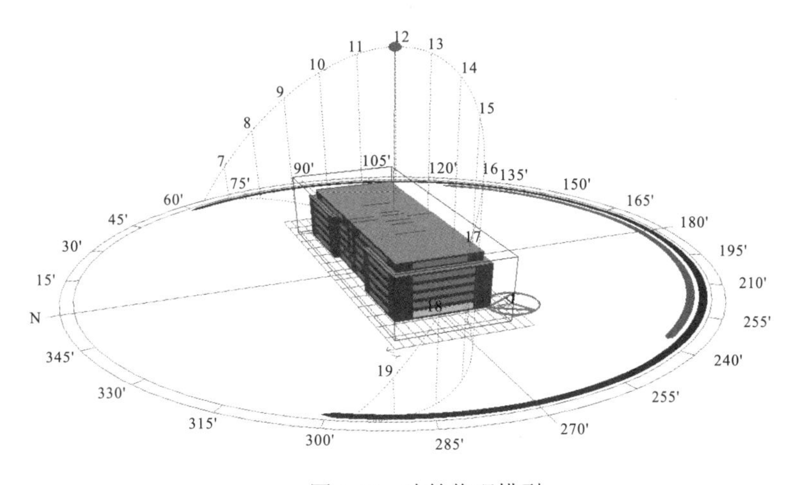

图 9.12　建筑物理模型

3) 计算结果

通过 DeST 对建筑全年冷热负荷进行动态模拟，建筑逐时冷热负荷如图 9.14 所示。

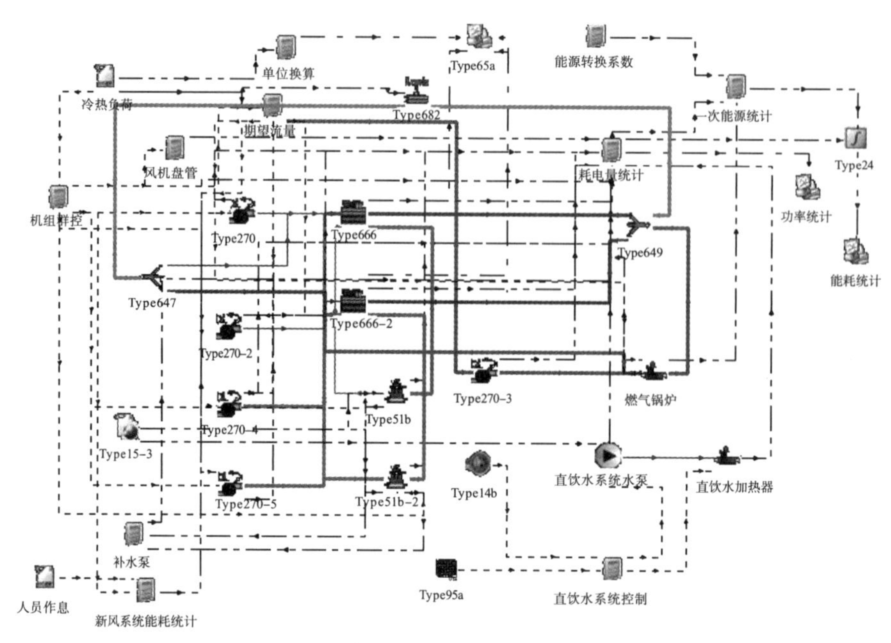

图 9.13 空调系统模型

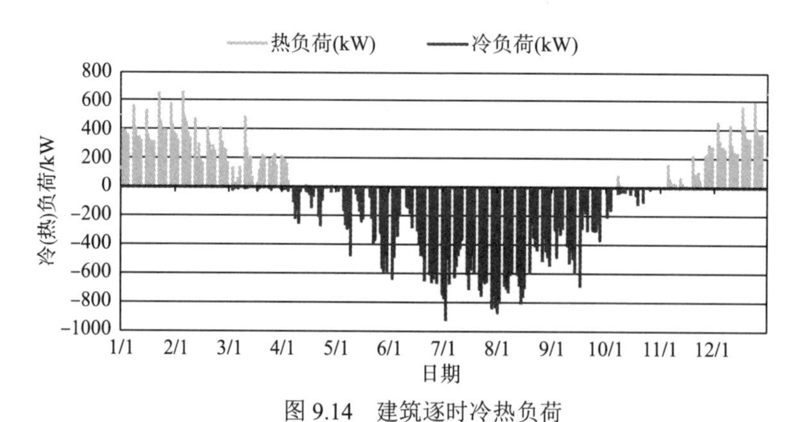

图 9.14 建筑逐时冷热负荷

冷热负荷统计如表 9.15 所示。

表 9.15 冷热负荷统计(一)

全年累计冷负荷/(kW·h)	全年累计热负荷/(kW·h)	最大冷负荷/kW	最大热负荷/kW	冷指标/(W/m^2)	热指标/(W/m^2)
420 762.47	164 799.36	912.44	656.57	96.84	69.69

扣除排风热回收设备回收的冷热量后，冷热负荷统计如表 9.16 所示。

表 9.16 冷热负荷统计(二)

全年累计冷负荷/(kW·h)	全年累计热负荷/(kW·h)	最大冷负荷/kW	最大热负荷/kW	冷指标/(W/m^2)	热指标/(W/m^2)
382 862.41	96 696.33	759.82	586.77	80.64	62.28

可见，全热回收设备回收了 9.01%的冷量和 41.32%的热量。

建筑一次能源消费采用标准煤进行统计，其包含建筑耗电量与采暖燃气消耗量，一次能源折算系数如表 9.17 所示。

表 9.17　建筑一次能源折算系数

能源形式	电能	燃气热值
折算系数	0.32kgce/(kW·h)	0.123 kgce/(kW·h)

建筑各项用能一次能源消耗量统计如表 9.18 所示。

表 9.18　建筑各项用能一次能源消耗量统计

项目	空调	照明	设备	电梯	给排水	通风	总能耗
建筑能耗/(kgce/年)	50 591.52	39 459.34	55 610.12	5 219.16	10 985.40	861.93	162 727.47
单位建筑面积能耗/[kgce/(年·m^2)]	4.93	3.84	5.41	0.51	1.07	0.08	15.82

建筑一次能源各项用能比例如图 9.15 所示。

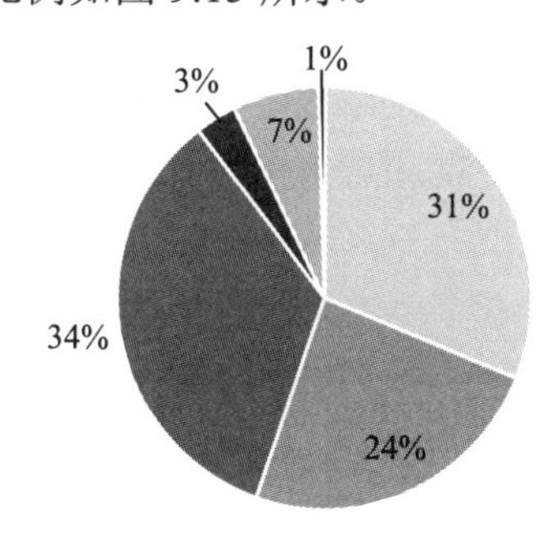

图 9.15　建筑一次能源各项用能比例

逐月一次能源消耗量统计如图 9.16 所示。

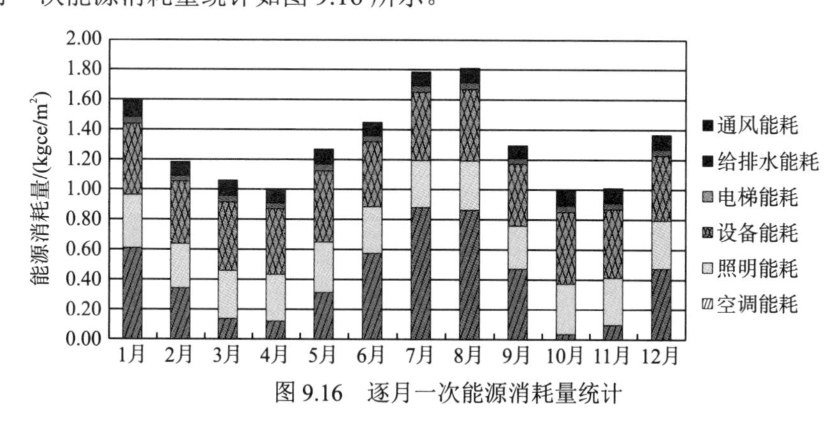

图 9.16　逐月一次能源消耗量统计

4) 节能率统计

根据《民用建筑能耗标准》(GB/T51161—2016)，夏热冬冷地区B类商业办公建筑能耗约束性值为110kW·h/m^2，折算为35.2kgce/m^{2}标准煤。目标节能率与实际节能率对比如表9.19所示。

表9.19 目标节能率与实际节能率对比

项目	节能率/%	能耗指标要求/[kgce/(年·m^2)]
目标节能率	60	14.08
实际节能率	55.06	15.82

由表9.19可知，要达到节能率60%，可由可再生能源提供另外11%的能量，故满足近零能耗公共建筑的能耗指标要求。

9.4 项目案例实践

9.4.1 项目简介

2012年，财政部、住房和城乡建设部确定了重庆悦来新城为全国首批启动实施的8个绿色生态城区之一；2013年，住房和城乡建设部确定了重庆两江新区(涵盖悦来新城)为国家首批智慧城市90个试点城市之一；2015年，财政部、住房和城乡建设部、水利部确定了重庆悦来新城为全国首批16个“海绵城市”试点之一。

作为国家级“生态城市、智慧城市、海绵城市”的建设试点，为充分展示重庆悦来新城“生态城、智慧城、海绵城”的建设理念及建设成果，为公众提供未来城市生活的体验和城市建设管理理念的宣传和教育平台，拟建设本项目。

本项目场地东西向长约120m，南北向宽为120～160m，呈类矩形。用地现状为东高西低，高差为20～28m。其主要功能为会展公园配套用房，按照临时展览建筑设计，主要包括生态馆、海绵馆、智慧馆、各专项馆、多功能厅及相应配套用房。建设用地为17 577m^2，建筑面积约为9 997m^2，其中地上建筑面积为7 644.81m^2，地下建筑面积为2 352.59m^2，建筑容积率为0.57，建筑密度为36.65%，绿地率为32.52%，如表9.20所示。建筑功能布置采用功能用房+车库，其中地上3层，地下1层。

表9.20 建筑经济性指标表

项目	规划条件	方案数值	设计数值	备注
建设用地面积/m^2	17 577.00	17 577.00	17 577.00	—
居住户数	—	0	0	—
居住人口	—	0	0	—
总建筑面积/m^2	—	9 983.79	9 997.40	—

续表

项目	规划条件	方案数值	设计数值	备注
地上建筑面积/m^2	—	7 547.17	7 644.81	—
地下建筑面积/m^2	—	2 436.62	2 352.59	地下车库
总计容建筑面积/m^2	—	9 983.79	9 997.40	—
(1) 居住面积/m^2	—	0.00	0.00	—
(2) 配套用房面积/m^2	—	7 257.33	7 510.50	—
(3) 公建面积/m^2	—	0.00	0.00	—
(4) 车库面积/m^2	—	2 436.62	2 352.59	地下车库
(5) 其他面积/m^2	—	289.84	134.31	—
容积率	—	0.57	0.57	—
建筑密度/%	—	36.65	36.65	—
绿地率/%	—	32.52	32.52	—
停车位数量/个	—	70	68	—
室外停车位/个	—	35	35	—
室内停车位/个	—	35	33	—
建筑高度(层数)	—	21.15	21.15	—

本工程的建筑选址区域图、场地周边交通分析图、建筑效果图和实景图如图 9.17～图 9.20 所示。

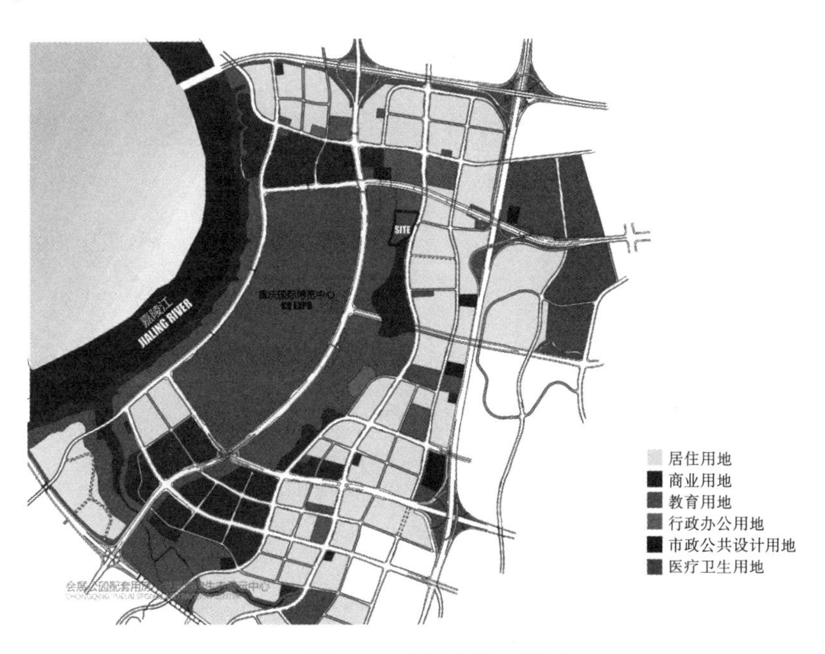

图 9.17　建筑选址区域图

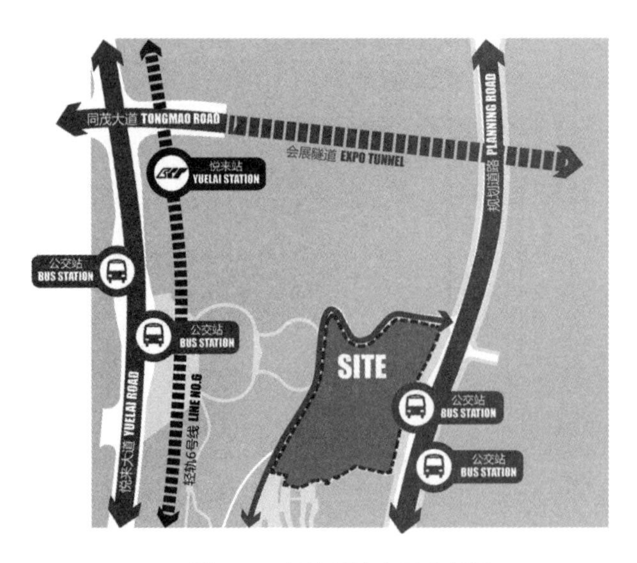

图 9.18　场地周边交通分析图

图 9.19　建筑效果图

图 9.20　实景图

本项目设计技术的选择，遵循“被动技术优先选用、主动技术优化设计、可再生能源补充”的原则，围绕“智慧、生态、海绵”理念选择高性价比的绿色生态海绵适宜技术，实现项目的总体定位及目标。设计阶段绿色建筑评价得 93 分、计算综合节能率为 90.42%、碳减排率为 90.61%，符合相关标准关于节能、节地、节水、节材和保护环境等的规定，达到了重庆市绿色建筑设计标准(铂金级)和国家铂金级绿色建筑设计标准的要求，且满足近零能耗、近零碳建筑设计阶段示范的要求。

9.4.2　主要技术措施

项目设计时，采用七大技术体系，即“可持续场地生态系统”“低成本山地海绵技术系统”“绿色高性能围护结构系统”“可持续能源系统”“舒适高效的物理环境”“智慧管理集成服务系统”“设计手段创新”。

超低能耗建筑是指适应气候特征和自然条件，通过保温隔热性能和气密性能更高的围护结构，采用高效新风热回收技术，最大限度地降低建筑供暖供冷需求，并充分利用可再生能源，以更少的能源消耗提供舒适室内环境并能满足绿色建筑基本要求的建筑。

为此，本项目所采用的低能耗建筑措施分为被动技术和主动技术措施两部分，共计 24 项技术。被动技术主要包括建筑优化、自然通风、自然采光、遮阳系统、围护结构等，主动技术包括空调、照明、电梯等设备，如表 9.21 所示。对建筑围护结构方案、被动式设计策略、空调系统节能设计及可再生能源利用等做出多种节能尝试，采用 DeST 模拟分析空调和照明能耗，辅助建筑综合节能 70%设计要求。

表 9.21　项目低能耗建筑技术措施表

<table>
<tr><td colspan="24">低能耗建筑技术应用(24)</td></tr>
<tr><td colspan="18">被动技术应用(18)</td><td colspan="6">主动技术应用(6)</td></tr>
<tr><td colspan="3">建筑优化</td><td colspan="3">自然通风</td><td colspan="4">自然采光</td><td colspan="5">遮阳系统</td><td colspan="3">围护结构</td><td colspan="4">空调系统</td><td colspan="2">照明系统</td></tr>
<tr><td>建筑朝向优化</td><td>建筑窗墙比优化</td><td>各类性能联动优化(嵌入与架空设计)</td><td>架空</td><td>门窗</td><td>中庭、边庭</td><td>中庭、边庭</td><td>遮阳反光板</td><td>光导照明系统</td><td>天空天井采光</td><td>固定外遮阳系统</td><td>中空百叶遮阳系统</td><td>活动外遮阳系统</td><td>建筑自遮阳</td><td>内遮阳系统</td><td>外墙：高压加气混凝土砌块(220)(0.84W/m²·K)</td><td>屋面：高性能复合硬泡聚氨酯板(130)(0.18/m²·K)</td><td>外窗：6(三银)Low-E+12A+6 透明)(2.3 W/m²·K)</td><td>地源热泵空调系统</td><td>排风全然回收</td><td>新风与CO_2浓度联动</td><td>楼宇控制系统</td><td>室内 LED 照明</td><td>太阳能光伏系统</td></tr>
<tr><td colspan="24">采用能耗模拟软件 Dest，本建筑的综合节能率达到 70.78%。</td></tr>
</table>

(1) 项目在围护结构方面，创新采用三银 Low-E 中空玻璃，相比单银 Low-E 玻璃，太阳红外热能总透射比仅为 13.3%，能有效减少太阳热能辐射，降低可见光反射率，减少光污染。透明部分全部采用可调节外遮阳，有效减少室外太阳辐射。

(2) 建筑选材方面，选用钢架结构，全部构件采用工厂化生产的预制构件，建筑砂浆采用预拌砂浆，现浇混凝土采用预拌混凝土，所有部位均采用土建工程与装修一体化设计，大幅度减少了建筑材料的浪费。其中，可重复使用隔墙和隔断比例达到 81.6%，可再循环材料使用质量占所用建筑材料总质量的 15.04%，达到并超过《绿色建筑评价标准》中的最高要求，提高了建筑材料的利用率，减少了环境污染。

(3) 设备能效方面，项目选用高能效比设备，其中磁悬浮变频机组 COP 为 6.08，地源热泵螺杆机组 COP 为 6.89，整体式水源热泵 EER 为 4.72，分别比重庆市《公共建筑节能(绿色建筑)设计标准》(DBJ50-052—2016) 提高了 23.3%、37.8%、33.0%。并且通过能耗分项计量、部分负荷运行策略、排风能量回收等技术措施，进一步提高了能源的利用效率。照明方面选用节能灯具，照明功率密度达到了我国照明标准的目标值，并且采用总线式智能照明控制系统，通过光电、声控、人体感应探测等控制措施，做到智能化、人性化及节能化。

(4) 绿化方面，项目创新性地采用了屋顶绿化、垂直绿化及堡坎绿化相结合的绿化方式，场地内绿地率为 38.06%，且绿地对社会公众免费开放，增加场地与周边环境的兼容性，提高场地绿地共享性。

(5) 雨水回收利用方面，项目利用下凹式绿地、植物缓冲带等生态设施，用植物截流、土壤过滤滞留对雨水达到径流污染控制的目的，并采用水生植物处理技术对水体进行净化，体现了生态技术与绿色建筑的创新结合，雨水收集回用率达到 58.89%，达到标准要求的 5 倍以上。

(6) 可再生能源方面，项目采用了地源热泵系统，建筑供冷和供热量 100%由地源热泵系统提供，并且采用太阳能光伏发电系统，其发电量占建筑总用电量的 24.6%。项目综合节能率达到 90.42%，达到并超过了目前行业超低能耗建筑的节能要求，并达到了国内领先水平。

光伏板实景图如图 9.21 所示。

图 9.21　光伏板实景图

9.5　推 广 建 议

9.5.1　现阶段的主要制约因素

(1)现阶段的增量成本高，投资回收期较长，性价比不高。据估算，现阶段单位面积造价增加成本为 900～1200 元/m^2，增量成本占建筑造价的 15%～20%，静态回收期在 20 年左右，投资回收超低设备的寿命周期，如新风系统寿命周期在 10 年左右。

(2)产业配套程度不高，造成造价增加和采购困难。①设计、施工参差不齐且相关经验较少，上下游产业配套不完善，大部分配套产品(如高性能的门窗等)需要从国外进口；②施工经验缺乏，大多数为无气密性操作、非标准化操作，难以长久保持气密性；③气密性材料没有成熟产品，材料物理力学性能差，耐久性差，标识通常不明确；④防水、保温材料性能差，材料性能难以稳定；⑤缺乏针对超低能耗建筑专门设计的软件，部分国外软件还待本土化。

(3)标准体系和检测手段不完善，造成市场的概念混乱。①目前重庆还没有超低能耗建筑的技术标准，国家的技术导则及相关的构造技术措施或做法还待本土的吸收和消化；②缺乏相关的施工、验收、检测的标准，造成开发商以营销为噱头的“伪超低能耗建筑”；③相关的检测设备及检测手段还待完善。

(4)公众不了解，市场接受不高。①公众对超低能耗建筑、绿色建筑不了解，未真正享受到建设超低能耗建筑所带来的益处；②市场的关注度还处于关注常规的区位、售价，很难因为建设超低能耗建筑带来产品的溢价，造成开发商的积极性不高。

9.5.2　超低能耗(近零能耗)建筑推广路径

(1)选择品质高、成本增量不敏感的住宅的低层、多层和公建的幼儿园等体量不大的建筑进行试点示范，进行技术的前期尝试和经验的积累，后续从示范试点到规模化推广应用。国家发展被动式超低能耗建筑的基本原则是“新建优先、改造其后”“先北方后南方”“先住宅后公建”。考虑重庆市的经济发展水平、技术发展水平、产业配套等制约因素，重庆地区推广超低能耗建筑应以“新建优先、改造其后、先主城后区县、先住宅后公建”为发展思路，前期进行品质高、成本增量不敏感的低层、多层和公建的幼儿园进行前期示范探索。总结分析，形成一套可复制、可推广、可持续的超低能耗建筑的规模化推广经验。

(2)与装配式建筑、成品住宅结合，实现装配式建筑、成品住宅和被动式超低能耗建筑的交叉、融合和创新，是发展超低能耗建筑的契机之一。国家和地方正大力发展产业化装配式建筑和推广成品住宅，而发展装配式建筑和成品住宅可解决外墙保温、气密性等级要求高及施工等问题，也可降低超低能耗建筑建设的增量成本。同时，进一步推动装配式建筑、成品住宅和被动式超低能耗建筑的交叉、融合和创新，将高度契合大力推进装配式建筑、成品住宅及被动式超低能耗绿色建筑三大发展方向，是发展被动式超低能耗建筑的契机之一。

(3)建立重庆地区的超低能耗建筑的技术标准。借鉴国内外超低能耗建筑技术成果，吸收国内外超低能耗建筑实践经验，结合重庆市的经济发展、功能定位、气候条件和资源禀赋，通过集成和创新，形成一套可复制、可推广、可持续的超低能耗建筑的推广经验。

(4)制定重庆地区超低能耗建筑(被动式房屋)的补贴政策。根据北京、山东等省市推动发展超低能耗建筑的经验，前期探索示范阶段应给予超低能耗建筑一定的政策支持或资金补贴，对建设单位以减少一定成本增加的负担，资金补贴可随超低能耗建筑的推进逐渐减少。

(5)培育和带动超低能耗建筑领域内本地化的建筑部品及设备产业。培养并带动本地化的建筑部品及设备产业生产性能更好、使用寿命更长、价格更低廉的建筑部品及设备是规模化推广被动式超低能耗建筑的重要因素，可更好地减少超低能耗建筑的成本，同时也能确保产品的质量。

9.5.3 后续研究展望

为更好地推动重庆地区超低能耗建筑的发展，后续可在产业配套、技术体系、宣传推广等方面下功夫。

(1)产业配套：①研发超低能耗建筑相关的材料和设备，如高性能的保温装饰一体化保温板、保温与建筑防火技术材料、高性能热回收设备、被动式能源系统等；②培养本地化的建筑部品及设备产业生产性能更好、使用寿命更长、价格更低廉的建筑部品及设备。

(2)技术体系：①开发适宜重庆地区工程技术人员使用的超低能耗计算和设计软件，统一计算标准；②建立与超低能耗建筑相关的设计、施工、验收、检测的标准；③完善相关的检测设备及检测手段。

(3)宣传推广：①加大对超低能耗建筑、绿色建筑的宣传力度；②引导消费者的关注点，逐步从关注建筑常规的区位、售价到品质和能耗降低，增加客户的接受程度。

现阶段可通过两年左右项目试点，根据实施情况和市场销售情况，结合装配式建筑、成品住宅技术的发展，最终确定本地被动式超低能耗建筑技术标准与实施范围。

作者：中机中联工程有限公司何开远、王永超、杨少刚
重庆市建设技术发展中心谢厚礼、杨修明、杨元华、黄祁聪

第10章　重庆市海绵城市常用技术列表

1. 下沉式绿地

下沉式绿地是指低于周围地面的绿地，其利用开放空间承接和储存雨水，达到减少径流外排的作用，内部植物多以本土草本植物为主，可广泛应用于城市建筑与小区、道路、绿地和广场内，如图10.1所示。

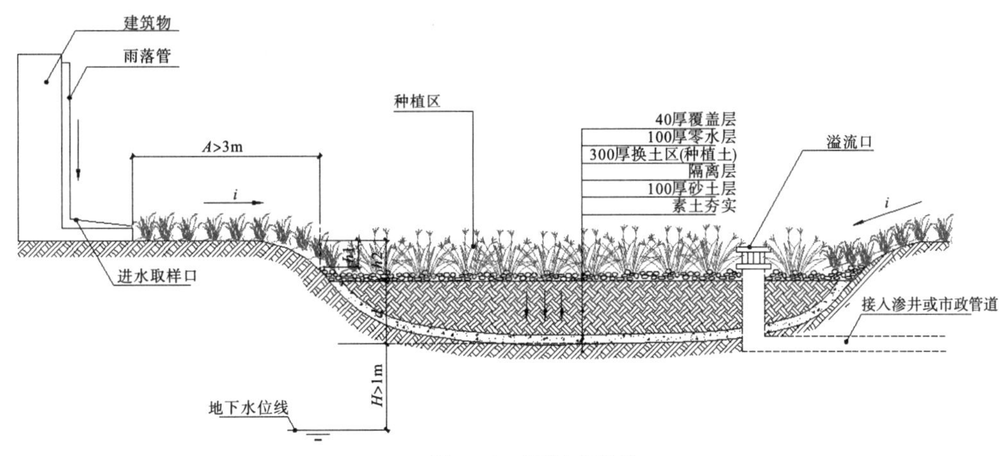

图10.1　下沉式绿地

2. 透水铺装

透水铺装主要包含透水混凝土、透水沥青、透水砖、植草砖等形式，如图10.2所示。透水铺装的技术要求如下。

(1)透水砖的透水系数、外观质量、尺寸偏差、力学性能、物理性能等应符合现行行业标准《透水砖路面技术规程》(CJJ/T188—2012)的规定。

(2)透水砖面层与基层之间应设置透水找平层，找平层的透水性能不宜低于面层所采用的透水砖。

(3)基层包括刚性基层、半刚性基层和柔性基层3种，可根据地区资源差异选择透水粒料基层、透水水泥混凝土基层、透水水泥稳定碎石基层等类型，并应具有足够的强度、透水性和稳定性。

(4)当透水砖路面土基为黏性土时，宜设置垫层；当土基为砂性土或底基层为级配碎石时，可不设置垫层。

(5)土基应稳定、密实、均质，应具有足够的强度、稳定性、抗变形能力和耐久性。

其余技术指标需满足《建筑室外环境透水铺装设计标准》(DBJ50/T-247—2016)中的相关技术要求。

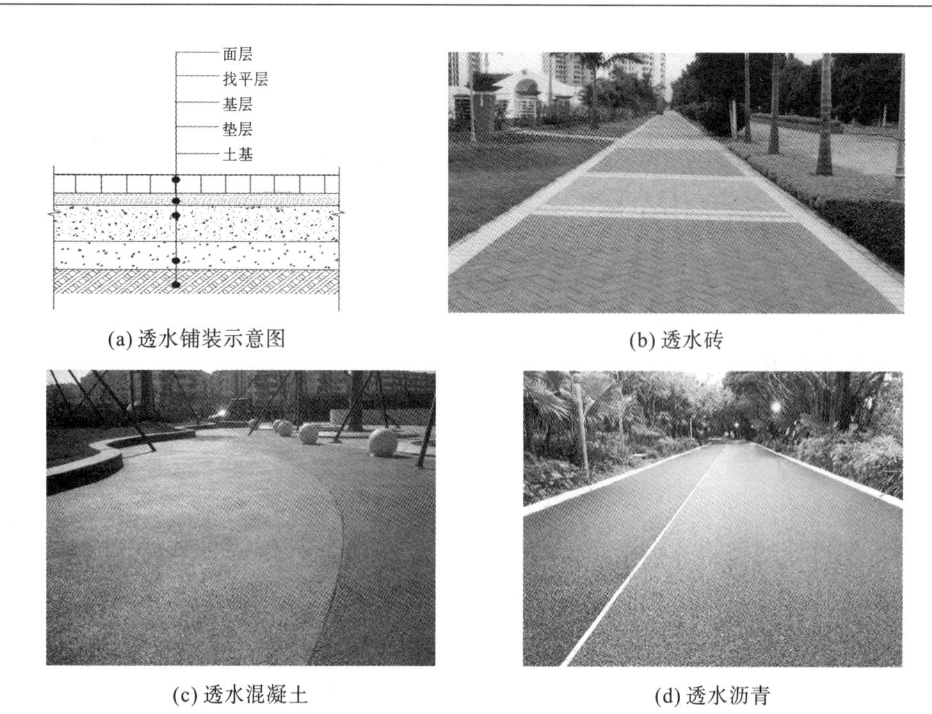

(a) 透水铺装示意图　(b) 透水砖

(c) 透水混凝土　(d) 透水沥青

图 10.2　透水铺装

3. 绿色屋顶

绿色屋顶也称种植屋面、屋顶绿化等，根据种植基质深度和景观复杂程度，绿色屋顶又分为简单式和花园式。绿色屋顶的简要构造如图 10.3 所示。

(a)　(b)

(c)

图 10.3　绿色屋顶

4. 转输型植草沟

转输型植草沟是指种有植被的地表沟渠，可收集、输送和排放径流雨水，并具有一定的雨水净化功能，可用于衔接其他各单项设施、城市雨水管渠系统和超标雨水排放系统，如图 10.4 所示。

(a)

(b)　　(c)

图 10.4　转输型植草沟

5. 生态停车场

合理设置生态停车场可增强地面透水性能，在降低地表径流的同时降低环境的热岛效应，如图 10.5 所示。

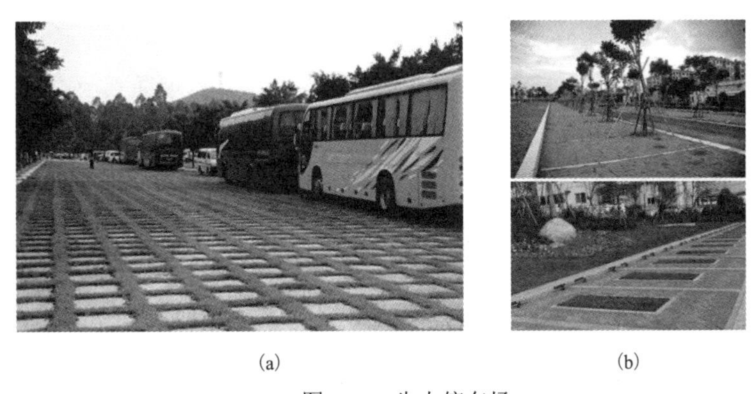

(a)　　(b)

图 10.5　生态停车场

6. 雨水花园

雨水花园是自然形成的或人工挖掘的浅凹绿地，被用于汇聚并吸收来自屋顶或地面的雨水，通过植物、沙土的综合作用使雨水得到净化，并使之逐渐渗入土壤，涵养地下水，或者使之补给景观用水、厕所用水等城市用水。雨水花园是一种生态可持续的雨洪控制与雨水利用设施，如图 10.6 所示。

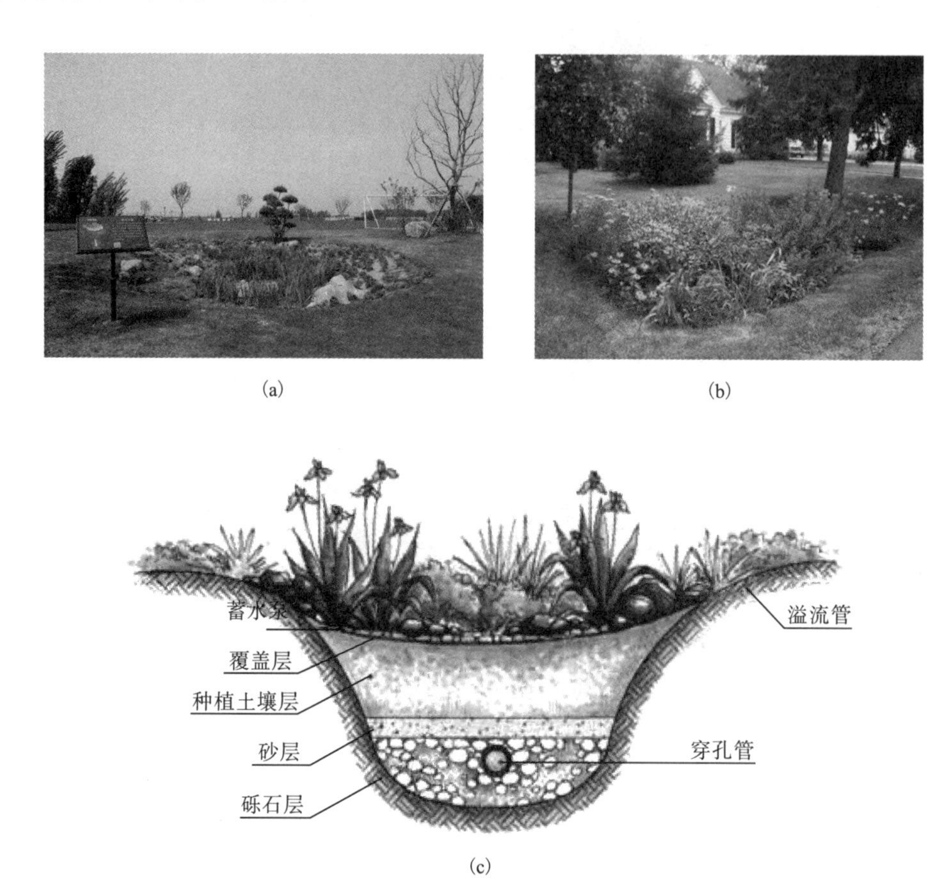

(a) (b)

(c)

图 10.6 雨水花园

7. 地下蓄水池/雨水收集利用系统

合理采用地下蓄水池/雨水收集利用系统，对雨水进行合理的利用，一方面可实现对项目场地内地表径流的控制，另一方面可实现对径流污染的控制，同时还可实现雨水收集回用，如图 10.7 所示。

本项目中，铂金级和金级绿色建筑均采用雨水收集利用技术，雨水收集量按照绿化灌溉、道路冲洗、景观补水的量进行确定，使铂金级和金级建筑中雨水资源化利用率达 10%以上。

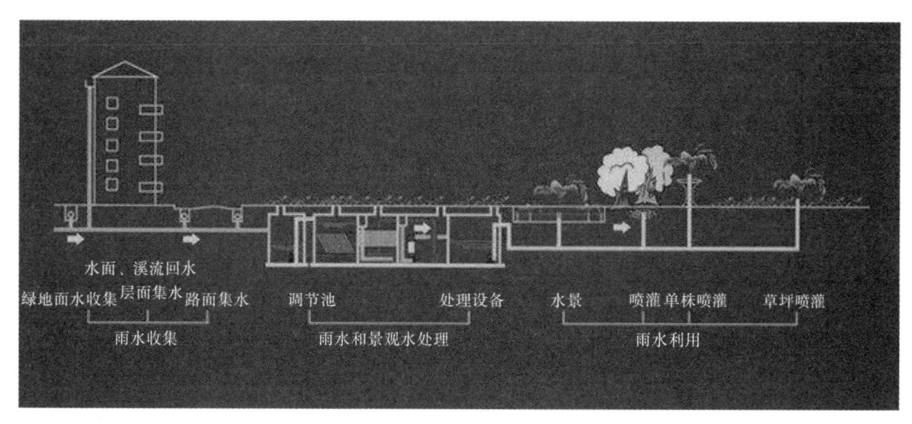

图 10.7　地下蓄水池/雨水收集利用系统

8. 雨水湿塘

雨水湿塘是指具有雨水调蓄和净化功能的景观水体，雨水作为其重要的补水水源。雨水湿塘结合绿地、开放空间等场地条件设计为多功能调蓄水体，即平时发挥正常的景观及休闲、娱乐功能，暴雨发生时发挥调蓄功能，实现土地资源的多功能利用，如图 10.8 所示。

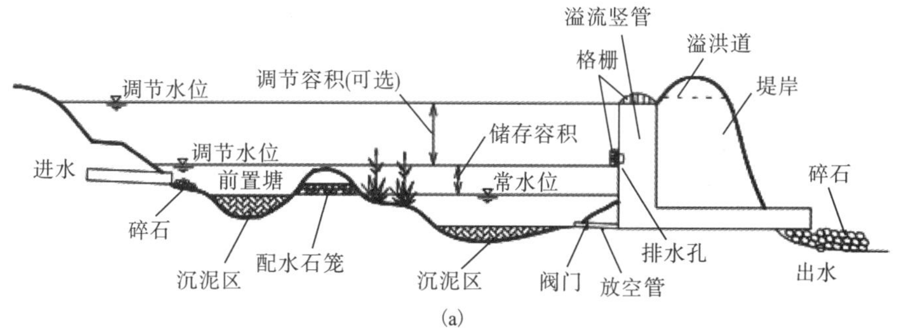

(a)

(b)

图 10.8　雨水湿塘

9. 调节塘

调节塘也称干塘，以削减峰值流量功能为主，一般由进水口、调节区、出口设施、护坡及堤岸构成，如图10.9所示。此外，也可通过合理设计使其具有渗透功能，起到一定的补充地下水和净化雨水的作用。

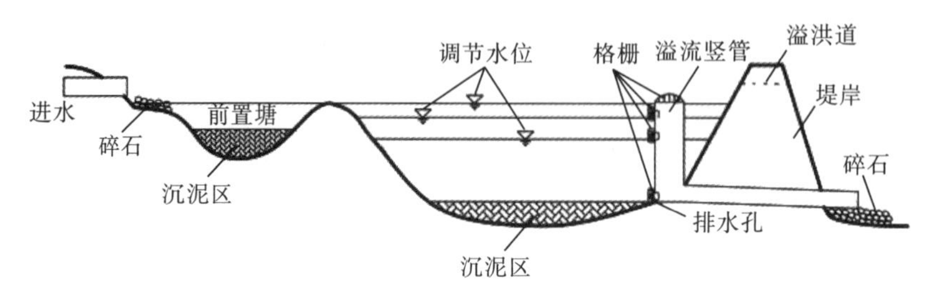

图10.9　调节塘

10. 雨水花台

屋面雨水经过汇流有组织地排放至雨水花台(图10.10)，经过雨水花台后可进入雨水收集系统。由于雨水花台可有效去除污染物，因此减轻雨水收集系统的去污负担。

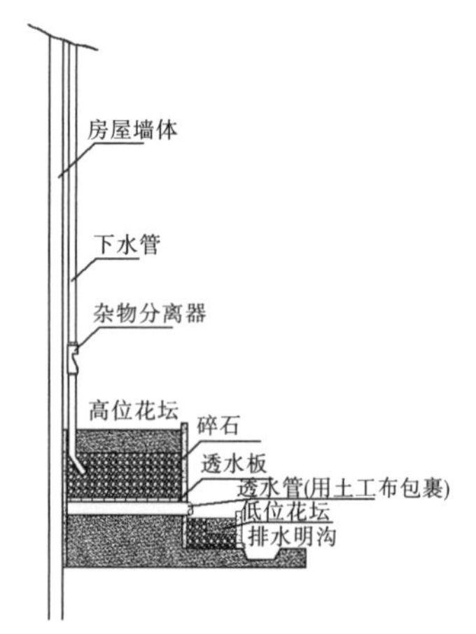

图10.10　雨水花台

11. 生态树池

生态树池是种植树木的人工构筑物，是城市道路、广场树木生长所需的最基本空间，如图10.11所示。

(a)

(b)

图 10.11　生态树池

第 11 章　重庆市建筑绿色化发展技术路线图

11.1　建筑绿色化发展要求与趋势

我国正处于工业化、城镇化快速发展的历史时期，为深入贯彻国家绿色发展理念，开创生态文明新格局，要求大力发展绿色建筑，以绿色、生态、低碳理念指导城乡建设，最大效率地利用资源和最低限度地影响环境，有效转变城乡建设发展模式，缓解快速城镇化进程中面临的各种资源和环境的约束；充分体现以人为本理念，为人们提供健康、舒适、安全的居住、工作和活动空间，显著改善群众生产生活条件，提高人民满意度，并在广大群众中树立节约资源与保护环境的观念；全面集成建筑节能、节地、节水、节材及环境保护等多种技术，极大地带动建筑技术革新，直接推动建筑生产方式的重大变革，促进建筑产业优化升级，拉动节能环保建材、新能源应用、节能服务、咨询等相关产业的发展。据此，我国陆续出台了《建筑节能与绿色建筑发展“十三五”规划》《“十三五”全国城镇污水处理及再生利用设施建设规划》《中共中央国务院关于进一步加强城市规划建设管理工作的若干意见》《建筑业发展“十三五”规划》《全国建筑业绿色施工示范工程管理办法》《“十三五”装配式建筑行动方案》等政策文件，针对建筑绿色化发展提出了一系列发展要求与趋势分析。

11.1.1　发展要求

根据国家《建筑节能与绿色建筑发展“十三五”规划》要求，到 2020 年，城镇新建建筑能效水平比 2015 年提升 20%，部分地区及建筑门窗等关键部位建筑节能标准达到或接近国际现阶段先进水平。完成既有居住建筑节能改造面积 5 亿 m^2 以上，公共建筑节能改造 1 亿 m^2，全国城镇既有居住建筑中节能建筑所占比例超过 60%。《建筑节能与绿色建筑发展“十三五”规划》要求加快提高建筑节能标准，积极开展超低能耗建筑、近零能耗建筑建设示范，提炼规划、设计、施工、运行维护等环节共性关键技术，引领节能标准提升进程，开展超低能耗小区(园区)、近零能耗建筑示范工程试点，到 2020 年，建设超低能耗、近零能耗建筑示范项目 1000 万 m^2 以上。

《建筑节能与绿色建筑发展“十三五”规划》还要求扩大可再生能源建筑应用规模，提升可再生能源建筑应用质量。加快推广太阳能热水系统，积极探索太阳能光热采暖应用，全国城镇新增太阳能光热建筑应用面积 20 亿 m^2 以上。因地制宜推广使用各类热泵系统，鼓励以能源托管或合同能源管理等方式管理运营能源站，提高运行效率。全国城镇新增浅层地热能建筑应用面积 2 亿 m^2 以上。在条件适宜地区积极推广空气热能建筑应用，建立空气源热泵系统评价机制。鼓励专业建设和运营公司投资和运行太阳能光伏建筑系统，提高运行管理，建立共赢模式，确保装置长期有效运行。

根据《“十三五”全国城镇污水处理及再生利用设施建设规划》，到 2020 年年底，城市和县城再生水利用率进一步提高。京津冀地区不低于 30%，缺水城市再生水利用率不低于 20%，其他城市和县城力争达到 15%。“十三五”期间，新增再生水利用设施规模 1 505 万 m^3/d。启动雨水污染治理，在全国 36 个重点城市(直辖市、省会城市、计划单列市)建设初期雨水处理设施规模 831 万 m^3/d，探索初期雨水污染治理模式。要求从源头控制初期雨水径流污染，通过科学划分排水片区，合理布局雨水管道和调蓄设施，有效收集初期雨水，或就地结合景观、绿地等进行处理并资源化利用。

针对绿色建材，《建筑节能与绿色建筑发展“十三五”规划》中要求完善绿色建材评价体系建设，有步骤、有计划地推进绿色建材评价标识工作。建立绿色建材产品质量追溯系统，动态发布绿色建材产品目录，营造良好市场环境。开展绿色建材产业化示范，在政府投资建设的项目中优先使用绿色建材。到 2020 年，城镇新建建筑中绿色建材应用比重超过 40%。

根据《“十三五”装配式建筑行动方案》，到 2020 年，全国装配式建筑占新建建筑的比例达到 15%以上，其中重点推进地区达到 20%以上，积极推进地区达到 15%以上，鼓励推进地区达到 10%以上，并鼓励各地制定更高的发展目标。建立健全装配式建筑政策体系、规划体系、标准体系、技术体系、产品体系和监管体系，形成一批装配式建筑设计、施工、部品部件规模化生产企业和工程总承包企业，形成装配式建筑专业化队伍，全面提升装配式建筑质量、效益和品质，实现装配式建筑全面发展。到 2020 年，培育 50 个以上装配式建筑示范城市，200 个以上装配式建筑产业基地，500 个以上装配式建筑示范工程，建设 30 个以上装配式建筑科技创新基地，充分发挥示范引领和带动作用。建立装配式建筑部品部件库，编制装配式混凝土建筑、钢结构建筑、木结构建筑、装配化装修的标准化部品部件目录，促进部品部件社会化生产。此外，《“十三五”装配式建筑行动方案》还提出推行装配式建筑全装修成品交房，要求各省(区、市)住房城乡建设主管部门制定政策措施，明确装配式建筑全装修的目标和要求。推行装配式建筑全装修与主体结构、机电设备一体化设计和协同施工。《建筑业发展“十三五”规划》提出，到 2020 年，新开工全装修成品住宅面积达到 30%。

在《全国建筑业绿色施工示范工程管理办法》中对于绿色施工的发展，要求建设单位应积极支持倡导施工企业开展绿色施工活动，对于达标优良的绿色示范工程应给予奖励；施工企业也应建立节能减排激励制度，对于创建绿色施工示范工程中有突出贡献的项目部和有关人员，给予相应的物质奖励。

对于绿色建筑的整体发展，《建筑节能与绿色建筑发展“十三五”规划》中要求：推动重点地区、重点城市及重点建筑类型全面执行绿色建筑标准，积极引导绿色建筑评价标识项目建设，力争使绿色建筑发展规模实现倍增，到 2020 年，全国城镇绿色建筑占新建建筑比例超过 50%，新增绿色建筑面积 20 亿 m^2 以上。加强对绿色建筑标识项目建设跟踪管理，加强对铂金级绿色建筑和绿色建筑运行标识的引导，获得绿色建筑评价标识的项目中，金级及以上等级项目比例超过 80%，获得运行标识的项目比例超过 30%。在《“健康中国 2030”规划纲要》与住房和城乡建设部发布的《建筑节能与绿色建筑发展“十三五”规划》中，要坚持以人为本，满足人民群众对建筑舒适性、健康性不断提高的要求，使广大人民群众切实体验到发展成果。其中，健康建筑既是满足人民群众对建筑健康性能需求的重要途径，也是发展健康产业的构成要素，还是响应“健康中国”战略的重要载体。

从单体到规模化发展，《建筑节能与绿色建筑发展“十三五”规划》中对于绿色建筑的规模化发展，指出要推动有条件的城市新区、功能园区开展绿色生态城区（街区、住区）建设示范，实现绿色建筑集中连片推广，因地制宜地进行绿色生态城区规划和建设，形成一批绿色生态城区。结合城镇体系规划和城市总体规划，制定绿色生态城区和绿色建筑发展规划，因地制宜地确定发展目标、路径及相关措施。建立并完善适应绿色生态城区规划、建设、运行、监管的体制机制和政策制度及参考评价体系，同时建立并完善绿色生态城区标准体系。

11.1.2 发展趋势

我国正处在城镇化快速发展和全面建成小康社会的关键时期，经济社会快速发展，人民生活水平不断提高。与此同时，能源和环境矛盾日益突出，建筑能耗总量和能耗强度上行压力不断加大。在此背景下，实施能源资源消费革命发展战略，推进城乡发展从粗放型向绿色低碳型转变，对实现新型城镇化，建设生态文明具有重要意义。

建筑节能和绿色建筑是推进新型城镇化、建设生态文明、全面建成小康社会的重要举措。根据我国的发展要求，在未来发展布局中，对于建筑绿色化、生态化有明确部署及政策要求，加大对建筑绿色化发展的支持，要求大力发展绿色建筑、节能建筑、绿色生态城市，要求传统建造方式升级为产业化、工业化模式，大力推广装配式建筑，要求既有建筑改造和新建绿色建筑比例稳步提升，推广可再生能源在建筑中的应用，加大建筑中水资源的综合利用，充分利用雨水回收、中水回用技术，加大绿色建材在建筑中的使用，推广健康建筑。坚持建筑绿色化的发展态势，引导社会朝绿色化的方向不断前进，不仅是建筑行业自身的核心目标，更是我国经济社会发展和转型的必然要求。

1. 绿色建筑性能提升

1）建筑能效提升

提高建筑能效，旨在提升新建建筑节能标准和改善既有建筑节能水平。新建建筑主要针对超低能耗建筑发展，既有建筑主要针对进一步深化节能改造。

超低能耗建筑是指适应气候特征和自然条件，通过合理的被动式设计，采用保温隔热性能和气密性能更高的围护结构，采用热回收技术，利用可再生能源，提供舒适室内环境的建筑，从而实现建筑能效的大幅提升。超低能耗建筑的特点主要表现在以下几方面。

(1) 更加节能。建筑物全年供暖供冷需求显著降低。

(2) 更加舒适。建筑室内温湿度适宜；建筑内墙表面温度稳定均匀，与室内温差小，体感更舒适；具有良好的气密性和隔声效果，室内环境更安静。

(3) 空气品质更好。有组织的新风系统设计，提供室内足够的新鲜空气，同时可以通过空气净化技术提升室内空气品质。

(4) 质量保证更高。无热桥、高气密性设计，采用高品质材料部品，精细化施工及建筑装修一体化，使建筑质量更高、寿命更长。

超低能耗建筑设计多采用被动式设计策略，主要通过采用合适朝向、蓄热材料、遮阳装置、自然通风等策略的建筑设计，尽可能地被动接受或直接利用可再生能源，为人们提供舒适且节省资源的生活方式，对人类社会健康发展具有深远的意义。

住房和城乡建设部《建筑节能与绿色建筑发展“十三五”规划》要求，在全国不同气候区积极开展超低能耗建筑建设示范，结合气候条件和资源禀赋情况，探索实现超低能耗建筑的不同技术路径，总结形成符合我国国情的超低能耗建筑设计、施工及材料、产品支撑体系。

既有建筑节能改造是指对不符合民用建筑节能强制性标准的既有建筑的围护结构、供热系统、采暖制冷系统、照明电气设备和热水供应设施等实施节能改造的活动，其特点主要有以下几方面。

(1) 从以人为本的角度出发，满足使用者对建筑功能和居住环境舒适度的要求，提高学习和工作效率。

(2) 既有建筑大多是高能耗建筑，节能改造有利于缓解能源供给紧张的局面，减少能源浪费，提高能源利用效率。

(3) 既有建筑节能改造的投资费用低于新建一栋节能建筑的费用，不仅减轻了住户经济负担，还可以减少新建住房的市场需求，促进了房地产市场的健康发展。

(4) 既有建筑节能改造是实现建筑绿色化、可持续发展的重要举措之一，是国家建筑节能工作开展的关键。

2) 可再生能源

可再生能源是指从自然界直接获取的、可连续再生、永续利用的一次能源，主要包括太阳能、风能、水能、生物质能、地热能、海洋能等非化石能源，具有清洁、高效、环保、节能、经济、保护资源等特点。有效开发利用可再生能源，促进可再生能源建筑应用可增加能源供给，调整能源结构，促进能源互补，推广太阳能光热、浅层地热、空气源热泵的运用。

重庆地域内江河纵横、水网密布，长江、嘉陵江、乌江三大江穿越重庆市大部分区域，水资源总量年均超过 5000 亿 m^3，分为地表水和地下水两大类，其中地表水占水资源总量的绝大部分。针对夏热冬冷气候特征，大力开发地表水源热泵，将有助于解决冬夏冷热需求。

重庆全年太阳辐照量较低，属于太阳能资源一般地区，但其具有特殊的全年太阳能资源分布特征，即全年分布极不均匀，夏季最大，春秋季次之，冬季最小。即使如此，重庆地区太阳能热水系统夏季基本可以依靠太阳能满足热水需求，消耗常规能源很少；春季太阳能保证率也较高，可达到 50%以上，也具有较好的太阳能热水应用效果；秋季太阳能保证率实测在 30%以上，冬季在 20%左右。

空气源和太阳能、地热一样都属于免费能源，空气源热泵供热可以应用于生活热水、冬季空调、家用供暖等多个领域。空气源热泵的主要特点如下。

(1)通过消耗少量的电能，把空气中的热能转换成高位可以使用的热能，节能效果显著，投资回报期短。

(2)清洁环保，无任何污染，无任何燃烧外排物，具有良好的生态效益。

(3)使用寿命长，维护费用低，节省人工管理费用，设备运行稳定且安全可靠。

(4)适用范围广，可用于酒店、学校、医院等场所。

(5)智能化控制自动化，自动运行，无须值守。

3)水资源综合利用

《“十三五”全国城镇污水处理及再生利用设施建设规划》中要求，我国要大力提倡建筑中实现水资源综合利用，降低对传统水源的需求，实现建筑绿色化发展要求。

雨水是自然界中一种十分宝贵的非传统水资源，相对于其他非传统水资源来说，水质较好，只需进行过滤、沉淀等比较简单的水处理工艺，就可直接利用。

建筑中水主要是指生活污、废水经过适当处理后达到规定的水质标准，可以在一定范围内重复使用的非饮用的杂用水。中水系统根据应用的范围可分为建筑中水系统、区域中水系统和城市中水系统，其水源水质介于上水和下水之间。建筑水资源循环系统就是要将这部分中水进行回收和利用，以达到减少上水用量、下水排量的目的。

4)绿色建材

传统建筑材料的制造、使用及最终的循环利用过程都产生了污染，不仅破坏了人居环境，还浪费了大量能源。绿色建材与传统建材相比，具有以下5个方面的基本特征。

(1)绿色建材生产尽可能少用天然资源，大量使用尾矿、废渣、垃圾等废弃物。

(2)采用低能耗和无污染的生产技术、生产设备。

(3)在产品生产过程中，不使用甲醛、卤化物溶剂或芳香族碳氢化合物；产品中不含汞、铅、铬和镉等重金属及其化合物。

(4)产品的设计以改善生产环境、提高生活质量为宗旨，产品具有多功能化，如抗菌、灭菌、防毒、除臭、隔热、阻燃、防火、调温、调湿、消磁、防射线、抗静电等。

(5)产品可循环或回收及再利用，不产生污染环境的废弃物。

5)建筑工业化

大力推动建造方式创新，以推广装配式建筑为重点，通过标准化设计、工厂化生产、装配化施工、一体化装修、信息化管理、智能化应用，促进建筑产业转型升级。装配式建筑采用标准化设计、工厂化生产、装配式化施工、信息化管理、智能化应用，是现代工业化生产方式。大力推广装配式建筑是我国建筑业向绿色化、工业化、信息化转型升级的必然选择，是推进建筑业绿色发展、提高建筑质量和安全性的重大举措。装配式建筑的主要特点如下。

(1)大量的建筑部品由车间生产加工完成，构件种类主要有外墙板、内墙板、叠合板、阳台、空调板、楼梯、预制梁、预制柱等。

(2)现场大量的装配作业，比原始现浇作业大大减少。

(3) 采用建筑、装修一体化设计、施工，理想状态是装修可随主体施工同步进行。

(4) 设计的标准化和管理的信息化，构件越标准，生产效率越高，相应的构件成本就会下降，配合工厂的数字化管理，整个装配式建筑的性价比就会越来越高。

(5) 符合绿色建筑的要求。

(6) 节能环保。

6) 绿色施工

建筑施工绿色化是绿色建筑的重要组成部分，主要包括：以最大的限度保护环境，减少污染；以最佳的措施节约资源(节能、节水、节地、节材)，提高资源利用率；以最优的质量构建健康舒适的空间，以最好的方法确保施工人员的身心健康。建筑施工绿色化具有以下特征。

(1) 营建自动化。营建自动化是绿色建筑施工最重要的一个特征。它是指以工业生产的方式兴建建筑物，也就是将建筑物的部品工业化、预制化、规格化，并采用自动化机具施工。良好的营建自动化可以使工地营建废弃物减少 30%，营建空气污染减少 10%，建材使用量减少 5%，对保护环境有巨大帮助。

(2) 建筑施工空气污染防治。在施工过程中，可以通过洒水、洗车台、挡风屏(墙)、防尘网、人工覆被等措施减少施工现场的空气污染。对于清洗工地车辆、土石机具的污水与地下工程废水，提倡设置污泥沉淀、过滤、去污泥、排水等设施对其进行处理。

(3) 建筑废弃物再利用。建筑废弃物再利用，即以 3R(reduce、reuse、recycle)原则，减少建筑废弃物的污染。

7) 绿色建筑

根据《建筑节能与绿色建筑发展“十三五”规划》，绿色建筑已成为建筑行业发展的大势所趋，发展绿色建筑已成为我国一项意义重大而又迫在眉睫的任务。近年来，绿色建筑在中国的兴起，既是对世界经济增长方式转变潮流的追寻和顺应，也是我国建设创新型国家战略的重要组成部分。

绿色建筑是指在建筑生命周期内部最大限度地节能、节水、节地、节材，在有效减少污染保护环境的过程中，为人类提供更加健康环保的生活环境的一类建筑，其特征如下。

(1) 节能能源。充分利用太阳能，采用节能的建筑围护结构，减少采暖和空调的使用。根据自然通风的原理设置风冷系统，使建筑能够有效地利用夏季的主导风向。建筑采用适应当地气候条件的平面形式及总体布局。

(2) 节约资源。在建筑设计、建造和建筑材料的选择中，均考虑资源的合理使用和处置。要减少资源的使用，力求使资源可再生利用。节约水资源，包括绿化的节约用水。

(3) 回归自然。绿色建筑外部要强调与周边环境相融合，和谐一致、动静互补，做到保护自然生态环境。要营造舒适和健康的生活环境，建筑内部就要不使用对人体有害的建筑材料和装修材料，尽量采用天然材料。根据地理条件，设置太阳能采暖、热水、发电及风力发电装置，以充分利用环境提供的天然可再生能源。

8）健康建筑

《建筑节能与绿色建筑发展“十三五”规划》中要求，“要坚持以人为本，满足人民群众对建筑舒适性、健康性不断提高的要求，使广大人民群众切实体验到发展成果”。健康建筑的发展为满足居民对于建筑舒适性及健康要求提供了坚实的保障。

健康建筑是指在满足建筑功能的基础上，为建筑使用者提供更加健康的环境、设施和服务，以促进建筑使用者身心健康、实现健康性能的建筑。从国家战略层面来看，健康建筑是《“健康中国 2030”规划纲要》中所要求的“普及健康生活、建设健康环境、发展健康产业”的迫切需求，也是住房和城乡建设部《建筑节能与绿色建筑发展“十三五”规划》中要求“以人为本”“满足人民群众对建筑健康性能不断提高的要求”的迫切需求。健康建筑的特点主要体现在以下几方面。

（1）全装修。健康建筑的房屋在交付前，所有功能空间的固定面全部铺装或粉刷完毕，厨房与卫生间的基本设备全部安装完成，是全装修的单栋建筑、建筑群或建筑内区域。

（2）绿色。健康建筑首先要满足绿色建筑的要求，即获得绿色建筑星级认证标识或通过绿色建筑施工图审查。

（3）室内空气质量高要求。健康建筑对甲醛、苯系物、TVOC、PM2.5、PM10 等室内空气污染物浓度限值严格要求，从污染物源头、限值技术措施及监控等方面全过程控制空气污染物。

（4）厨房空气污染控制。针对我国传统烹饪方式特点，对厨房的通风量及气流组织进行严格要求，一方面降低了厨师暴露于油烟的危害风险，另一方面从源头避免了厨房烹饪带来的污染。

（5）水质在线监测与发布。健康建筑要求具有生活饮用水、直饮水、游泳池水等水质在线监测系统，并能够监测浊度、余氯、pH、电导率等，向建筑使用者公开水质各项监测结果。

（6）控制室内生理等效照度。对于居住建筑，应在满足视觉照度的同时降低生理等效照度，以保证居住人良好的休息环境；对于公共建筑，应适当提高主要视线方向的生理等效照度，以保证舒适高效的工作环境。

（7）不同功能房间的室内噪声要求。健康建筑按房间用途和健康需求分为：有睡眠要求的房间，需集中精力、提高学习和工作效率的房间，需保证人通过自然声进行语言交流的场所，需要扩声系统传输语言信息的场所，对这些场所分别进行噪声控制。

（8）全面的健身条件。要求从室内、室外、引导 3 个方面促进人们运动健身，增强体质。

（9）适老设计。合理设计老人活动场地、无障碍设计，老人活动区、公共活动区、公共卫生间、走廊、楼梯均采用防滑铺装，采用圆角家具，安全抓杆或扶手，具有医疗服务设施。

（10）心理健康。在健康建筑中设置静思、宣泄或心理咨询室等心理调整房间，消除缓解紧张、焦虑、抑郁等不良心理状态，达到心理放松和减压的目的。

2. 建筑绿色化的区域发展

伴随着绿色建筑行业的发展与成熟，绿色建筑已从单体建筑逐步走向区域化，推动绿色生态城区建设，规模化发展绿色建筑。在建设的过程中，要把人居环境建设、社区建设、配套建设、基础设施建设及出行方式等与绿色生态理念有机融合，通过绿色建筑单体向绿色生态城区尺度推进，实现低碳生态城市质的飞跃。

(1) 绿色生态城区具有和谐性、可持续性、区域性和高效性 4 个特点。

①和谐性：主要反映在人与自然、人与人的关系上，使人与自然和谐相处，人类自身富有生机与活力，充满人情味及文化气息。

②可持续性：重点是资源与环境可持续发展。兼顾不同时期、空间，合理配置资源。既能满足现代经济发展的需要，又能尊重后代在发展和环境方面的需要。兼顾社会、经济和环境三者的效益，重视经济发展与生态环境协调和生命质量的提高，在整体协调的新秩序下寻求发展。

③区域性：城区之间相互联系、相互制约，在区域平衡的基础上，建设平衡协调的生态城区。

④高效性：提高一切资源的利用率，废弃物循环再生。物质、能量得到多层次分级利用，科学规划设计，合理利用土地、良好的生态环境、充足的绿地系统、完善的基础设施。

(2) “绿色生态城区”简单归纳为 3 句话：规划绿色化，基础设施绿色化，单体建筑绿色化。

①规划绿色化：在规划绿色化中分 4 个步骤：一是制定了碳排放基线、空气质量基线、水的质量基线；二是制定指标体系，包括经济、社会、资源消耗、环境能耗等几个方面的指标体系；三是能否按照这些指标体系引导整体规划的编制，包括从总体规划到详细规划再到修建性规划；四是能否通过土地出让的转让落点。

②基础设施绿色化：绿色交通与市政基础设施的问题。谈起绿色交通，就必须认识到应该将现在的以车为本的交通模式，扭转为以人为本的绿色低碳交通体系，其第一个特征就是以人为本。绿色出行以轨道交通为骨干，以公共交通为主体，以慢行交通为补充(即自行车交通、人行交通等)。市政基础设施则主要集中在低冲击开发模式的实施，推动综合管廊、海绵城市、资源梯级循环利用等技术措施的实践。

③单体建筑绿色化：在绿色生态城区中，要求所有的新建建筑必须达到绿色建筑银级的要求，30%的建筑不得低于金级的要求。所以要通过绿色生态城区建设，来引领我国城镇化的绿色进程。

生态城区的建设涉及专业知识面广，绿色建筑技术作为其中一个子系统区域，是生态城区建设的技术支撑。而且生态城区也有利于绿色建筑的推广，它的建设与人们日常生活息息相关，使绿色生态理念深入人心，可推动绿色建筑的发展。仅靠单体建筑无法实现节能减排的目标，必须将单体建筑扩大到生态城区的层面，才能将节能减排提高到更高的层面。

(3) 绿色生态城区的规划工作流程可以分为“策划—研究—规划—实施”4 个阶段。

①前期策划，其主要内容为“确定绿色生态城区的选址和组织现状调研”两项工作，

明确工作范围及梳理现状条件的前期准备工作。

②基础研究，其主要内容为“确定城区功能定位、制定城区发展策略、构建生态目标体系”3项工作，是研究城区生态建设条件、确定城区发展导向与原则、指导后期规划的基础性工作。

③系统规划，其主要内容为“环境保护规划、土地利用规划、城市形态与环境设计、交通系统规划、市改基础设施规划”5项工作，是涵盖城市空间建设系统、实施空间规划的技术研究工作。

④规划实施，其主要内容为“规划评估与校核、编制实施建设计划”两项工作，是评估规划影响与生态效应，并制定各项建设计划的后续实施性工作。

(4)根据绿色生态城区建设的需要建立相应的保障机制。

①要以指标为导向实行全过程监管。指标体系是绿色生态城区生态理念和生态规划的量化体现，不仅是绿色生态城区的发展目标，还是绿色生态城区规划设计、建设和运营管理的行动指南，可以说指标体系是绿色生态城区的核心内容。为了有效指导绿色生态城区的规划设计、施工建造和运营管理，需要对指标体系进行分解，以便落实到不同阶段、不同层次的不同部门。对指标体系进行分解，应基于目标可实现、具体措施可操作、方案可实施的原则进行。指标体系一般包括总纲、说明、技术路线图和部门操作指南等，这样通过对指标体系进行分解，将具体责任和要求明确，形成绿色生态城区建设的“路线图”。

②要建立可行的技术体系。我国可再生能源资源丰富，因此，可行的技术体系首先就是能源利用技术。其中包括太阳能开发与利用技术、浅层地热能利用技术、风能开发与利用技术和生物质能开发与利用技术等，这些技术都适宜在我国建设领域中推广应用。目前，在绿色生态城区建设中比较适用，且广泛推广的是太阳能开发与利用技术和浅层地热能利用技术。太阳能光热利用技术不仅节能效果好，而且有很好的经济效益，是目前我国值得推广的可再生能源技术之一。其次，垃圾处理与利用技术。垃圾减量化技术、垃圾资源化技术、垃圾无害化技术是绿色生态城区中常用的垃圾处理与利用技术。其中，垃圾减量化技术是通过分类收集和回收利用，从源头上减少垃圾的产生量，将部分垃圾进行循环再生利用。最后，绿色交通技术。绿色生态城区绿色交通体系包括公共交通规划技术、非机动交通规划技术及清洁能源交通工具。

11.2 建筑绿色化发展的技术体系

11.2.1 主要技术体系

1. 建筑能效提升

1)超低能耗建筑

超低能耗建筑技术体系基本的技术路线为被动优先+主动优化+应用可再生能源，其中，第一层面的节能是被动式节能技术，其核心理念强调直接利用阳光、风力、气温、湿度、地形、植物等场地自然条件，通过优化规划和建筑设计，实现建筑在非机械、不耗能或少耗能的运行模式下，全部或部分满足建筑采暖、降温及采光等要求，达到降低建筑使用能量需求，进而降低能耗、提高室内环境性能的目的。被动式技术通常包括自然通风、自然采光，以及围护结构的保温、隔热、遮阳、集热、蓄热等方式。

第二层面是主动式技术，是指通过采用消耗能源的机械系统，提高室内舒适度，通常包括以消耗能源为基础的机械方式满足建筑采暖、空调、通风、生活热水等要求，其核心是提高机械系统效率、减少能源消耗，如热泵、风机、除湿机等。

第三层面是可再生能源利用技术，如太阳能利用技术、风力发电、地源热泵等。虽然它也是主动式技术，但是其消耗的是可再生能源，为此对其进行单独分析，其核心是环保、可持续。这些技术的实施，最终目的是确保建筑的超低化石能源能耗。

2) 既有建筑节能改造

既有公共建筑节能改造技术措施应因地制宜。重庆市属于夏热冬冷地区，既不能沿用北方既有建筑节能改造的技术体系，也不能照搬东部发达地区的技术策略。因此，重庆市确定了围绕用能系统改造的技术路线，在具体项目的改造方案上，统筹考虑技术经济因素。通过对已实施的改造项目进行统计分析，用能系统的技术改造主要包括照明系统、暖通空调系统、供配电系统、动力系统、特殊用电系统(如厨房设备等)、能耗分项计量。目前在重庆市节能改造示范项目常见的改造技术中，除了能耗分项计量需强制实施以外，照明系统由于改造投资少、节能贡献率高、实施难度小，在已实施节能改造的项目中应用最为广泛；空调系统由于能耗高、节能潜力大，在改造项目中也被广泛关注；动力系统、供配电系统和特殊用能系统在改造项目中应用相对较少。

2. 可再生能源技术应用

1) 太阳能光热热水技术

太阳能热水作为太阳能应用领域中的产业化技术，被广泛应用于社会生活和生产领域中，具有很强的经济竞争力及市场潜力等。在实际应用中，太阳能热水系统主要以太阳能集热器为核心，在收集太阳辐射能后，会将其能量转化为热能，利用热能加热太阳能集热器中的水，以实现热水供应。当太阳能集热器中的水温达到预设温度后，温度传感器、电磁阀及水泵等装置会将水传输到热水储存箱中，同时系统会自动补进冷水，直到水位达到热水储存箱上限。太阳能热水器主要包括集热器、绝热储水箱、连接管道、支架控制系统。根据使用属性，可以将其分为季节性、全年性及辅助热源等；根据太阳能集热器结构，可将其分为平板型和真空管热水器。无论是哪种热水器，其核心系统都是太阳能集热器，在吸收太阳辐射能产生热量的同时，将这些热能传输到热工质装置，以达到系统供热目的。

2) 浅层地热

热泵作为一种热源节能装置，主要是通过高位能将热量从低位热源流向高位热源，利用冷凝器释放热量来实现供热效果的一种采暖系统，同时也是利用蒸发器蒸发吸收热量来实现制冷效果的一种制冷系统。从环保角度上看，地源热泵技术主要是通过热泵将不能直接使用的低位热能转化为高位热能，其系统主要包括地源热泵机组、空调系统及地热能交换系统，具有供热和制冷的双重功能，进而成为一种高效节能空调技术，逐渐被应用和推广。地源热泵是利用土壤、地表水等作为热源，由于地层常年恒温，其温度在冬季会高于室外温度，在夏季会低于室外温度，这样会有效提高地源热泵供热供冷效率。另外，冬季利用热泵将大地热量进行建筑供热，会降低大地温度，为大地储存冷量，为夏季制冷提供必要条件；在夏季利用热泵将建筑物热量再次传输到大地中，降低建筑物温度，在大地中储存热量以供给冬天热量使用。在地源热泵系统供热循环中，土壤热能与压缩机、风机消耗电能会传输到生活热水和建筑物空气中，以形成热量循环流动；在制冷循环中，其热量流动方向与供热循环相反，主要将建筑物热能和压缩机、泵消耗电能传输到土壤中；生活热水循环属于可选循环，主要利用安装在热泵压缩机中排出的过热蒸汽冷却器实现热水供应。夏季制冷中，通过系统废热形成生活热水，不会形成热泵负荷。

3）空气源热泵

空气源热泵技术应用在建筑领域，主要集中在热水和空调方面，具体包括7个技术应用类型：家用空气源热泵热水器、商用空气源热泵热水机组、空气源热泵辅助太阳能热水系统、热泵型房间空调器、模块式空气源热泵中央空调、大型螺杆式空气源热泵中央空调、变频多联机中央空调。

随着重庆地区近年来经济的高速发展，居民生活水平不断提高，热水和空调需求的逐年快速增长推动了重庆地区空气源热泵市场的繁荣发展。目前，重庆地区空气源热泵技术在建筑中的应用方向主要包括热水（包括家用空气源热水器、商用空气源热水机组、空气源辅助太阳能热水系统）和空调（供暖和制冷，包括家用分体式空调、家用中央空调和商用集中空调），部分产品还可兼顾热水和空调需求。

3. 水资源综合利用技术

水资源综合利用技术主要包含使用节水器具、节水设备与非传统水源的利用。目前使用较多的节水器有节水龙头、坐便器与节水淋浴器等；市面上主要的节水设备包括管网、循环水系统及一些节水电器等，绿化灌溉也是节水设备中的一种重要技术手段；非传统水源应用大致分为雨水渗透（植草砖、多孔沥青地面、多孔混凝土地面等）、雨水利用（绿化灌溉、洗车、道路冲洗等）、雨水处理（氧化塘、人工湿地、土壤渗透）、雨水回用（雨水膜处理系统、雨水全自动过滤处理系统等）、人工湿地（造流技术、生态湿地技术、生态浮岛技术等）、中水处理（MBR膜处理系统）等几个方面。

4. 绿色建材

绿色建材是指在全生命期内可减少对天然资源消耗和减轻对生态环境影响，具有“节能、减排、安全、便利和可循环”的特征，具备消磁、消声、调光、调温、隔热、防火、抗静电的性能，并具有调节人体机能的特种新型功能的建筑材料。绿色建材可分为生产资源节约型、使用资源节约型、能源节约型、生产环境友好型和使用环境友好型几种，其中的典型产品包括新型墙体材料、保温隔热材料、节能玻璃、防水密封材料、空气净化材料和抗菌材料等。

5. 建筑工业化

1) 装配式建筑

装配式建筑是指建筑结构、机电设备、部品部件、装配施工、装饰装修等一体化集成，它涉及行业通用化、模数化、标准化设计方式以及建筑信息模型技术，要求建筑领域各专业协同设计，是绿色施工创新模式的综合集成。种类包括适用于建造3～5层建筑的预制的块状材料砌成墙体的装配式建筑；由预制的大型内外墙板、楼板和屋面板等板材装配而成的、工业化体系建筑中全装配式建筑的主要类型板材建筑；从板材建筑的基础上发展起来、建筑工厂化程度很高的盒式建筑；由预制的骨架和板材组成、内部分隔灵活、适用于多层和高层的骨架板材建筑；施工速度快、适用于场地受限的板柱结构体系的升板升层建筑。

2) 全装修建筑

“全装修房”是指房屋交付前，所有功能空间的固定面全部铺装或粉刷完成，厨房和卫生间的基本设备全部安装完成的集合式房屋。“全装修房”的第一责任人应是开发商，无论房屋本身还是装修工程存在质量问题，开发商都应当负责。

全装修厨房应有设施包括灶具、洗涤池、操作台、排油烟机、电器插座、顶灯(防水、防尘型)、冰箱位及接口。全装修卫生间应有设施包括浴缸或淋浴器、坐便器、洗面盆、镜(箱)、镜灯、排风扇(风道)、电器插座、顶灯(防水型)。

装配式全装修在建筑设计时可选择剪力墙外置、内部无竖向构件的套内大空间设计，隔墙及其他部品在建筑数十年的生命期内可以根据使用需求进行灵活调整，这对于越来越重视空间实际应用率及可变空间生活方式的消费者而言具有吸引力。水泥的生产与使用一直是碳排放大头，不利于节能环保(这也正是国家主力推广装配式建筑的出发点之一)。得益于轻钢龙骨(可调整高度)及管线架空分离，装配式全装修无须对结构面进行找平、剔槽，全过程中无须水泥。同时，装配式全装修部品采用机械构造安装，无须使用油漆、涂料、各类装修胶水，在硬装上可实现室内空气零污染。

6. 绿色施工

绿色施工应尽可能减少场地干扰，提高资源和材料利用效率，增加材料的回收利用等。我国绿色施工要求减少场地干扰、尊重基地环境，这对于保护生态环境、维持地方文脉具有重要的意义。施工应在选择施工方法、施工机械，安排施工顺序，布置施工场地时结合气候特征。绿色施工既要求节水、节电、环保，主要体现在水资源的节约利用、节约电能、减少材料的损耗和可回收资源的利用等方面；也要求减少环境污染，提高环境品质；还要求实施科学管理、保证施工质量，提高企业管理水平，使企业从被动地适应转变为主动地响应，实现企业实施绿色施工的制度化、规范化。

7. 绿色建筑

在节地方面，重点发展复层绿化、地下空间利用、较大面积比的室外透水地面及优化室外风环境等技术体系；优先发展公共交通设施、公共服务设施、绿地率人均公共绿地面积及环境噪声控制等技术体系；鼓励采用土建装修一体化（避免污染）、建筑密度控制、建筑合理布局，以满足日照标准、屋顶绿化、热岛强度控制、旧建筑利用、废弃场地利用等技术体系。

在节能方面，重点发展照明高能效及控制、体形朝向等优化设计、室外机及冷凝水合理布置，以及墙体自保温体系技术；优先发展南、西外墙绿化遮荫技术体系；鼓励采用空调系统动力设备能效比、活动外遮阳、可再生能源、冷热源机组高能效、排风能量回收系统等技术体系。

在节水方面，重点发展避免管网漏损、雨水集蓄与利用、非传统水源利用、降低雨水地表径流、分区加压给水系统5项技术体系；优先发展景观水循环供水、生活水箱合理设计、绿化灌溉3项技术体系；鼓励采用温泉热水及中水系统技术体系。

在节材方面，重点发展预拌混凝土及高性能建筑结构材料技术体系；鼓励采用模数协调选材、可再生循环建筑材料及土建装修一体化技术体系；鼓励采用预拌砂浆及结构优化技术体系。

在室内环境质量方面，重庆市重点发展对内表面结露的防治、自然通风及对户外视野的优化技术体系；优先发展室内空气品质（indoor air quality，IAQ）监控及供暖空调系统末端调节技术体系；鼓励采用日照分析及可调节遮阳技术。

8. 健康建筑

1）全装修

全装修是指房屋交付前，所有功能空间的固定面全部铺装或粉刷完毕，厨房与卫生间的基本设备全部安装完成。全装修并不是简单的毛坯房加装修，而是装修设计应该在住宅主体施工前进行，即装修与土建一体化设计。

2）满足绿色建筑要求

健康建筑是绿色建筑更高层次的深化和发展，即保证“绿色”的同时更加注重使用者的身心健康；健康建筑的实现不应以高消耗、高污染为代价，应首先满足绿色建筑的要求，获得绿色建筑星级认证标识或通过绿色建筑施工图审查。

9. 绿色生态城区

绿色生态城区的建设应遵循普遍性和针对性相结合、定性和定量相结合、现实性和前瞻性相结合、可操作性和经济性相结合的原则，从规划设计、施工、运营等方面，全面指导并推进绿色低碳生态城区建设。

在土地及空间利用方面，对城区的容积率及地块比例做出强制要求，以优化路网设计，增强内部可达性；针对重庆地区特殊的山地、丘陵地貌，以及地势高低悬殊的特点，对地上地下空间点、线、面的综合开发利用及交通衔接等方面做出要求。

在交通方面，要求城区有完善的道路设施、合理的路网结构、良好的道路通行能力。强调以人为本，着重绿色交通出行，对居民公交站点可达性、慢行道路设置、交通枢纽布局、充电服务设施等做出要求；同时对清洁能源汽车的专用停车位比例进行强制规定，鼓励和践行低碳出行。

在建筑方面，城区内各星级绿色建筑达到要求比例，新建建筑智能化普及率要求全部达到，满足绿色施工建筑比例达到要求，大型办公建筑能耗监测平台全覆盖，老旧小区水电气管网改造率全覆盖，既有建筑节能改造率进一步提升。

在基础设施方面，城区建设对空气质量、声环境、水资源、自然生态、居民生活等方面设施做出要求。关于生态环境，城区建设合理规划绿地率、公园绿地面积，保护湿地；关于能源资源，要求合理利用可再生能源，发展天然气分布式能源系统，提高能源综合利用效率；关于环境质量，城区对空气质量监测、噪声管理、热岛强度等做出相关要求；关于节水型城区建设，主要强调城区水质、污水处理、再生水管网设施及雨水处理技术等要点；对于居民生活，城区内垃圾的分类、收集、运输、处理应面面俱到，公共场所相关设施建设也应体现无障碍设计。

在工业方面，重点强调工业企业的资格资质，加快产业转型升级，鼓励高新技术产业的发展；工业区域的规划布局，建筑密度、容积率、行政办公建筑面积比例等合情合理，推行绿色工业建筑的发展；100%实现工业企业生产过程中废气、废水、固体废弃物的达标排放。

在城市管理方面，主要体现绿色、低碳的特征。要求对公众进行城区绿色低碳的宣传教育，鼓励市民绿色交通出行；城区内公共场所的照明系统、景观灌溉系统、停车系统、信息化服务系统都要有相应要求；同时也鼓励城区实施低碳运营机制，实施碳计量，减少碳排放。

11.2.2　绿色建筑重点发展

1. 全面推行建筑节能 65%(绿色建筑)标准

为贯彻落实国家节约能源和保护环境的基本国策，为深入推动重庆市城乡建设领域绿色建筑发展，按照市委、市政府《关于进一步加强城市规划建设管理工作的实施意见》(渝委发〔2016〕24 号)和关于印发《重庆市绿色建筑行动实施方案(2013—2020)的通知》(渝府办发〔2013〕237 号)要求，结合重庆市实际和工程实践经验，重庆市发布了《居住建筑节能 65%(绿色建筑)设计标准》(DBJ50-071—2016)。在当前建筑节能标准执行力度的基础上，应进一步提升建筑节能的标准要求，应在新建建筑中全面推行建筑节能 65%(绿色建筑)标准，在达到建筑节能 65%要求的同时，满足国家银级绿色建筑要求。并在主城区内推动超低能耗建筑标准实施与试点示范工作，探索重庆地区超低能耗建筑的适宜技术路线与发展目标。

2. 推动既有公共建筑节能改造全面实现节能20%目标

重庆市既有公共建筑节能改造工作经过两个批次的国家示范城市建设，以及重庆市科技惠民计划“既有建筑节能改造适宜技术应用与示范项目”的研发，目前已形成了适宜重庆地区公共建筑节能改造的技术体系，并建成了超过750万m^2的既有公共建筑节能改造示范工程。

随着既有公共建筑节能改造工作的进一步深入，应保证改造效果的稳步实施，保证适用技术的合理利用，强化改造项目的节能量核算，保证改造效果；同时，应持续推进既有建筑改造要求继续提升，要求改造项目的节能量全面达到20%以上；在此基础上，推行既有建筑的绿色化改造，实现既有建筑改造从单一的能效提升迈向资源综合利用、环境质量保障、性能稳步提升的集成效益提升。

3. 在新建公共建筑中推行金级绿色建筑

2013年，重庆市住房和城乡建设委员会出台规定要求，在主城2 737km^2内的新修公共建筑中，强制推行银级绿色建筑标准。随着重庆市加快推广绿色建筑，重庆市城镇新建建筑执行绿色建筑标准的比例将从2015年年末的21.6%提升到2020年年末的50%。因此，有必要实时提升绿色建筑实施水平的要求，在主城区新建公共建筑中全面推行金级绿色建筑要求，并推动健康建筑的试点示范工作。

4. 推动城市区域中水系统建设

面对城市水资源的日益匮乏，对资源的二次利用是目前各国各个城市都必须面对的一个课题。污水资源化就是将城市生活污水进行深度处理后作为再生资源回用到适宜的位置，中水处理即是采用物理、化学及生物化学方法将城市污水或生活污水进行处理，使之达到一定水质要求，可在一定范围内重复使用。基于当前中水系统的使用情况，为实现最大限度收集、处理、回用建筑中水，降低中水回用成本，提高利用效率，城区水资源回用应提倡建设区域中水建设，以高效的系统应用形式为区域提供高质量的水资源回用，有效提升水资源的综合利用效率。

5. 推动装配式超低能耗建筑、装配式绿色健康建筑

形成与装配式建筑发展相适应的政策体系、标准体系、产品体系和监管体系，培育一批装配式建筑设计、施工、部品部件生产等龙头企业。到2025年，培育形成千亿级建筑工业集群和技术先进、配套完善的现代建筑产业体系，构建形成市场主体积极参与、装配式建筑有序发展的工作格局。重点发展如下几个方面。

(1)完善技术标准体系。结合重庆市实际和山地建筑特点，制定具有地方特色的装配式建筑地方标准。引导企业技术创新，促进关键技术和成套技术研究成果转化为标准规范。强化建筑材料、部品部件、工程技术标准之间的衔接。

(2)提高设计和施工能力。创新装配式建筑设计理念，推行一体化集成设计，强化设计对建筑结构、机电设备、部品部件、装配施工、装饰装修的统筹。全面推行通用化、模数化、标准化设计方式，提高标准化部品部件的应用比例。推行绿色施工，完善山地特色

的装配式建筑施工工法，提高装配施工技能，实现技术工艺、组织管理、技能队伍的转变，打造一批具有较高装配施工技术水平的骨干企业。

(3)推动建筑信息模型技术全过程应用。建立适合建筑信息模型技术应用的工程管理模式和监管方式，推动建筑信息模型技术在装配式建筑规划、勘察、设计、生产、施工、装修、运行维护全过程的集成应用，实现工程建设项目全生命周期数据共享和信息化管理。

(4)提升部品部件生产配套能力。制定产业发展规划，支持全国装配式建筑知名企业和本地龙头企业在重庆投资建设生产基地。建立部品部件质量验收机制，确保产品质量。开展装配式建筑部品认定，建立装配式建筑部品部件信息平台。

(5)推行工程总承包。装配式建筑原则上应采用以设计施工(生产采购)一体化为核心的工程总承包模式，可按照技术复杂类工程项目招投标。支持大型设计、施工和部品部件生产企业调整组织架构、健全管理体系，向具有工程管理、设计、施工、生产、采购能力的工程总承包企业转型。

(6)推进建筑全装修。推行装配式建筑全装修与主体结构、机电设备一体化设计协同施工。加快推进装配式建筑全装修，发展成品住宅。

(7)促进绿色发展。编制绿色建材产品目录，积极推进绿色建材在装配式建筑中的应用，强制淘汰不符合节能环保要求、质量性能差的建筑材料。逐步提高装配式建筑在绿色建筑评价中的权重比例，推动可再生能源在装配式建筑中的应用，促进装配式建筑与绿色建筑、超低能耗建筑、智能建筑融合发展。

(8)确保工程质量。完善装配式建筑工程质量安全管理制度，健全质量安全责任体系，落实质量安全主体责任。对突破现行技术标准的装配式建筑工程项目，采取专项技术论证的方式确定技术要求及验收标准，建立全过程工程质量追溯制度。

(9)培育产业队伍。建立有利于现代建筑产业工人队伍发展的长效机制。支持企业与高等院校、职业学校联合办学培养装配式建筑技术人才。开展装配式建筑系列标准培训，提高行业管理人员及设计、施工、监理、检测等专业人员的实施能力。

(10)开展试点示范。推动装配式建筑示范工程建设，力争在关键技术、关键领域取得突破，探索形成符合重庆市实际的建筑产业现代化技术路线、组织模式和监管机制。开展综合示范，重点对高装配率(国家评价标准 A 级及以上)、工程总承包、建筑信息模型技术应用、绿色建筑技术等内容进行示范推动。

11.2.3　重庆市建筑绿色化实施路线图

根据对上述发展要求、发展趋势、主要技术体系及重点发展方向的梳理，结合重庆的地理、气候、人文特征，整理形成重庆市建筑绿色化发展将围绕“由点及面”的基本思路，贯彻“从单一到规模”的发展思路，实现能效提升、可再生能源应用、水资源综合利用、绿色健康建筑发展、装配式建筑、绿色施工、绿色建材全面发展，推进绿色生态城区建设，具体实施路线如图 11.1 所示。

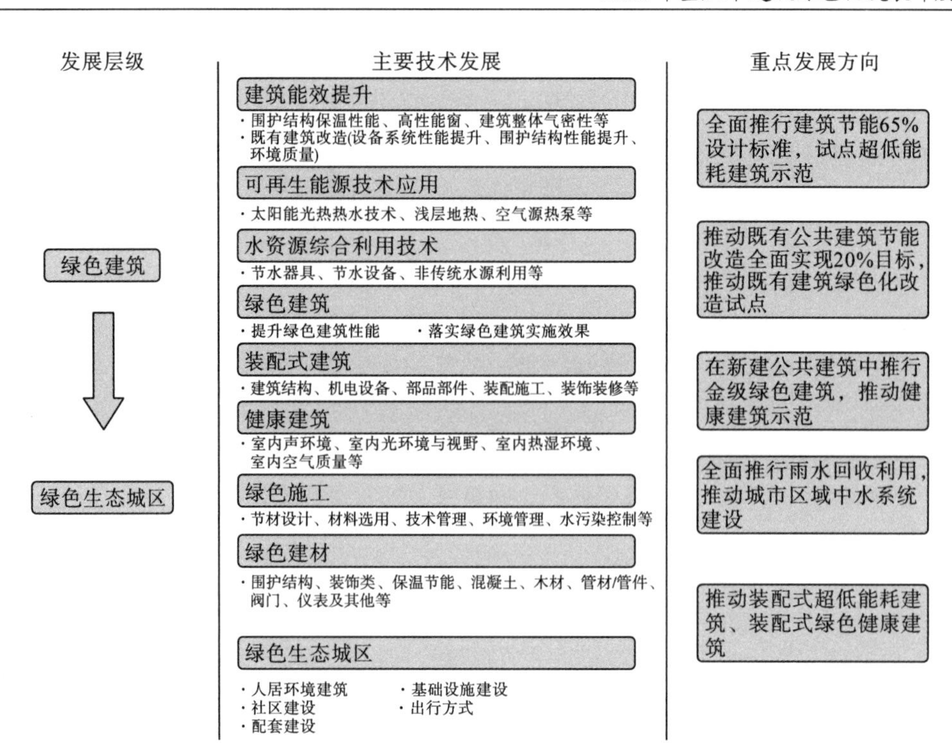

图 11.1 重庆市建筑绿色化实施路线图

11.3 路线图实施效果

围绕国家的发展政策要求，牢固树立创新、协调、绿色、开放、共享发展理念，落实“适用、经济、绿色、美观”建筑方针，完善法规、政策、标准、技术、市场、产业支撑体系，全面提升建筑能源利用效率，优化建筑用能结构，改善建筑居住环境品质，为住房城乡建设领域绿色发展提供支撑。

超低能耗建筑与既有建筑改造工程试点的推行，符合绿色建筑的可持续发展理念，可不断提高建筑能效水平，提高建筑用能效率，减少有害物质及温室气体(CO_2)向大气排放，实现城市节能、低碳与可持续发展。

可再生能源在建筑应用规模持续扩大，加快对化石能源的替代过程，促进能源结构调整。不仅可以提高能源利用效率，而且对建设节约型、环境友好型社会和实现可持续发展有重要意义。

雨水回收与中水回收是水资源综合利用的两种经济、安全、合理降低水耗的有效方式，是解决城市水资源短缺、减少城市洪灾和改善城市环境的有效途径。将雨水利用与雨水径流污染控制、城市防洪、生态环境的改善相结合，坚持技术与非技术措施并重，因地制宜，择优选用，兼顾经济利益、环境利益和社会效益，标本兼治，有利于城市的可持续发展。中水回收将生活污、废水经过适当处理后达到规定的水质标准，就近回用，输送距离短，并且由于减少了供水和排水的水量，从而减轻了给排水管网和处理工程的负荷。水资源综合利用不仅可以提高水资源利用率，缓解水资源短缺问题，还可以减少环境污染，改善水环境、减少水灾害，加快节水型社会建设，对促进可持续发展、环境保护有深远的意义，具有巨大的社会效益和生态效益。

在建筑中优先使用绿色建材，促进绿色建筑新技术、新产品的应用，在最大限度上减少了资源的消耗与能源的使用，大大减少了环境污染，最大程度地消除了有害材料对人体的毒害，提高了绿色建筑设计水平，从而实现了绿色节能健康环保的宗旨——全面协调可持续发展。

建筑工业化有利于提高工程建设的效率，释放劳动力；广泛采用节地、节水、节能、节材、环保低碳等技术，有利于节约能源、资源，减少环境污染；标准化、工厂化生产可以提高工程质量与施工安全，推动整个住房和城乡建设领域技术进步和产业转型升级，实现建筑的全寿命周期成本最小化、质量最优化、效益最大化。建筑工业化的推进，将使全寿命周期理论更加科学化、系统化，达到可持续发展的要求。

绿色施工作为建筑全寿命周期中的一个重要阶段，是实现建筑领域资源节约和节能减排的关键环节。绿色施工是指工程建设中，在保证质量、安全等基本要求的前提下，通过科学管理和技术进步，最大限度地节约资源并减少对环境负面影响的施工活动，能够实现节能、节地、节水、节材和环境保护。绿色施工可以推动建筑业可持续化发展，有利于保障城市的硬环境，提升城市整体面貌与形象，有利于保障和带动城市良性发展。

绿色建筑的比例大幅提高，呈现跨越式发展态势，城镇新建建筑中全面执行绿色建筑标准。建筑节能标准不断稳步提高，我国建筑总体能耗强度持续下降，建筑能源消费结构逐步改善，建筑领域绿色发展水平明显提高。绿色建筑能够高效率使用能源，当前最为常用的有屋面绿化、太阳能使用、雨水回收利用、低能耗围护结构等绿色技术，可以保障资源合理运用和循环利用，并且提供更加舒适和健康的生活环境。健康建筑是绿色建筑更深层次的发展，是建筑行业发展的重要方向，既是满足人民群众对建筑健康性能需求的重要途径，也是发展健康产业的构成要素。健康建筑既是响应“健康中国”战略的重要载体，也为实现“健康中国”伟大目标贡献了一份力量。

建设绿色生态城区、加快发展绿色建筑，不仅是转变我国建筑业发展方式和城乡建设模式的重大问题，也直接关系到群众的切身利益和国家的长远利益，是为了深入贯彻落实科学发展观，推动绿色生态城区和绿色建筑发展，建设资源节约型和环境友好型城镇，实现美丽中国、永续发展的目标。

作者：重庆大学丁勇、罗迪、夏婷、袁梦薇

第 12 章　典型绿色建筑项目

绿色建筑本着对气候、资源、经济发展、人文生活等多方面的集成体现，随着国家的大力推进和发展，已取得了瞩目的成效。重庆市是著名的山城，气候、地势、经济、人文均具有典型的特征，随着绿色建筑在重庆的推进，越来越多的绿色建筑适宜技术得以应用和实践，重庆市正致力于打造适宜重庆的特色绿色建筑。

12.1　龙湖沙坪坝枢纽项目

2018 年 11 月通过施工图审查合格的龙湖沙坪坝枢纽项目（图 12.1）为强制执行银级绿色建筑的建设项目，该项目以铁路车站为中心高密度开发，通过高度功能整合与引进文化设施提升城市魅力，全方位实践“绿色、环保、节能”的设计理念，因地制宜地采用了多项“节能、节地、节水、节材和环保”技术，实现了绿色创新。

图 12.1　龙湖沙坪坝枢纽项目

一是在建筑规划布局方面，项目充分利用山地地理特征，97.2%以上车位均设于地下停车库；项目场地拥有完善的供水、排水、供电、天然气等基础配套设施。二是在建筑选材方面，项目采用框架-核心筒结构，建筑造型要素比较简约，无大量的装饰性构件，并合理地将装饰性构件功能化；现浇混凝土全部采用预拌混凝土；抹灰、砌筑砂浆全部采用预拌砂浆；混凝土结构中受力普通钢筋使用不低于 400MPa 级钢筋的用量，高于受力普通钢筋总量的 85%；项目外窗玻璃采用低辐射中空玻璃，透光率为 62%，遮阳系数为 0.50，天窗采用热致调光中空玻璃，避免了太阳光的直接反射。三是在设备用能方面，商业采用常规冷水机组+锅炉，电影院、超市采用风冷热泵机组，T1、T2 塔楼采用分散式水环热泵机组+锅炉，T3 的酒店及办公采用多联机+风冷热泵机组，空气源热泵提供的空调热负荷比例不低于 50%，生活热水比例不低于 80%；新风系统均可实现过渡季节的全新风运行；项目节能电梯采用变频调速控制，其在负载率变化时自动调节转速与负载变化相适应，以提高电动机轻载时的效率。给水系统利用减压阀合理分区；选用用水等级达到二级以上的节水型卫生洁具及节水型配件；市政直供引入管、生活管网叠压(无负压)节能型供水设备引入管。项目在车库设置诱导型通风机，通风机自带一氧化碳检测，将根据一氧化碳的浓度自动控制风机启停，保证地下车库污染物浓度不超标。四是在运营管理方面，建筑设备监控系统可对供配电系统、空调通风系统、给排水系统、公共照明系统等进行设备运行和建筑节能的监测与控制。采用标准化的局域网技术构成多子系统集成的集散型分布式控制系统，系统应具备自诊断和故障报警功能，支持开放式系统协议。设置用电能耗分项计量管理系统，分别按照明插座系统、空调系统、动力系统、特殊用电 4 个分项独立计量管理。设置计算机管理系统，配备管理软件，根据使用要求选择网络服务器和管理计算机，为管理和决策提供可靠的保证。

龙湖沙坪坝枢纽项目在综合运用高强钢筋、地下车库一氧化碳监测、BAS 管理系统等众多绿色建筑技术的基础上，在场地微环境微气候、建筑物造型、天然采光、自然通风、保温隔热、材料选用等方面做出大量努力。该项目将整个项目设计为一个低能耗、绿色、智能建筑，在节地、节能、减排、降噪、人性化服务等方面均达到了一流水平，已获得重庆市银级绿色建筑设计评价标识，目前处于项目施工阶段。

12.2　寰宇天下 B03-2 地块项目

寰宇天下 B03-2 地块(居住建筑部分)项目(图 12.2)位于重庆市江北城 CBD 商务中心的东侧，是重庆市绿色居住建筑的首个铂金级竣工标识项目。该项目全方位实践“绿色、环保、节能”的设计理念，因地制宜地采用了多项“节能、节地、节水、节材和环保”技术，实现绿色创新。

图 12.2　寰宇天下 B03-2 地块项目

项目运用重庆地区较为成熟的绿色技术，并积极探索适宜小区建设的绿色建筑技术。项目整体布局考虑建筑的日照间距、采光的视野和通风的要求。建筑布局错开主导风向下的超高层风影区，结合外窗开启设计，合理组织过渡季节通风；户型主要功能房间均有较大外窗面积，卧室、起居室的窗地面积比达到20%，能保证室内采光需求，减少昼间照明能耗；精心进行围护结构保温设计，主要保温材料为30mm垂直纤维岩棉板和200mm厚壁型烧结页岩空心砖砌块，加权平均传热系数为 1.11W/(m^2·K)，优于现行重庆市《居住建筑节能65%(绿色建筑)设计标准》(DBJ50-071—2016)中要求的不大于1.2W/(m^2·K)，项目节能率达67.4%，优于节能65%的要求。项目通过精装修形式，为住宅设置高性能户式多联机集中空调系统、地板辐射采暖系统和集中新风系统，空调主机选用一级节能的大金家用VRV-N系列变频中央空调机组，其制冷综合性能系数均达到6以上，远高于一级能效4的规定；地板辐射采暖系统配置二级能效的燃气热水器；通风的风机选择高效低噪声设备，单位风量耗功率为0.07～0.26W/(m^3/h)，均满足现行《公共建筑节能设计标准》(GB50189—2015)中机械通风系统风机单位风量耗功率不大于0.27W/(m^3/h)的要求。项目采用精装修，有效实现了土建和装修一体化的设计与施工，保证了户(间)内隔墙、楼板的隔声性能良好；采用“多联机户式集中空调+地板辐射采暖+新风系统”空调供暖系统，保证了室内的高舒适度；内橱柜、灶具、洁具、户式集中空调、地暖等家具家电统一配置，避免了装修时对已有建筑构件的破坏，保证了结构安全，提高了施工质量，减少了材料浪费；同时，统一配置的高效节能节水设备，在提高品质的同时，降低了运营阶段的资源消耗；项目给水采取分质供水，1号楼和2号楼分别设置一套处理能力130m^3/d的中水系统，中水系统通过收集住宅沐浴及洗衣机排水，经“预处理+平板MBR膜工艺”处理后，回用于住宅塔楼冲厕、绿化浇洒、道路冲洗、洗车、地下车库冲洗及水景补水，非传统水源利用率达 31.07%，有效减少了市政用水，提供了水资源利用率；项目还采用对户内垃圾进行分类收集、对户内餐厨垃圾进行封装、经小区内配置的餐厨垃圾处理机集中物理压缩和生化处理的措施，实现资源再循环的终端尝试，同时有效减轻了市政垃圾运输处理压力。

寰宇天下B03-2地块(居住建筑部分)项目在2018年2月通过了重庆市绿色建筑竣工标识铂金级的评价，该项目在一体化设计施工、高效环境保障、非传统水源利用等方面的技术尝试，将为重庆市高质量、高性能的居住建筑开发提供有效的引导和借鉴。项目从规划设计开始按照绿色生态的理念进行设计，施工过程中实施绿色施工及文明施工要求，进行了绿色建筑从理念到落地的探索，于2016年6月取得竣工验收备案登记证，并将在运营阶段倡导绿色物业管理，实现了从规划、设计、竣工及运维全过程的绿色开发理念。

12.3 会议展览馆二期项目

已投入使用的重庆会议展览馆二期(图 12.3)是重庆市首个铂金级绿色公共建筑竣工评价标识项目，该项目全方位实践“绿色、环保、节能”的设计理念，因地制宜地采用了多项“节能、节地、节水、节材和环保”技术，实现了绿色创新。

图 12.3　重庆会议展览馆二期

由重庆悦来投资集团有限公司建设、重庆市设计院设计及咨询的重庆会议展览馆二期(即重庆悦来投资集团有限公司办公楼)项目在建设之初就遵循“经济、适用、美观”的建筑发展原则，项目结合坡地，实现因地制宜，充分融合地域环境、人文文化和综合效益各要素。在建筑设计选材时考虑使用材料的可再循环使用性能，可再循环材料使用质量占所用建筑材料总质量的 11.48%，并采用土建与装修工程一体化设计施工，避免重复装修。建筑外窗玻璃面板采用三银 Low-E 中空超白玻璃，幕墙玻璃采用三银 Low-E 中空钢化超白玻璃，结合被动式设计与设备性能的提升，整体节能率达到 50.53%；结合建筑构造，项目采用建筑自遮阳与可调节外遮阳相结合的模式，建筑西向幕墙和外窗均设置电动铝百叶遮阳系统，其余方向采用室内遮阳卷帘，既保证了夏季的遮阳效果，也满足了冬季采光需求；充分利用自然光改善室内采光效果，建筑设置 3 个采光中庭、顶层办公室，同时设置采光天井，使办公室平均采光系数提高到 3.6%以上，周边办公室平均采光系数提高到 8%，走廊采光系数提高到 7%，实现了主要功能房间室内自然采光达标面积比例达到 99.4%；建筑西南侧地下车库设置 10 个 530mm 直径的导光筒与负二层采光天井，利用导光筒设备改善地下车库自然采光。在空调系统方面，项目采用了地源热泵系统、辅助散热冷却塔系统，选用的螺杆式地源热泵机组(水环式)、螺杆式地源热泵机组(地下水式)和螺杆式冷水机组效率分别为 5.34、5.75 和 5.57，均高于现行重庆市《公共建筑节能设计标准》中 4.86、4.32 和 4.3 的规定；办公楼生活热水设置了空气源热泵热水机组。项目将非传统水源用于绿化灌溉、道路冲洗、景观补水及部分冲厕，利用率达到 46.25%；室外透水地面面积比达到 74.8%。项目定位为智能化生态节能楼，其智能化子系统包括计算机网络系统(含有线网络、无线网络)、综合布线系统、视频监控系统、防盗报警系统、智能一卡通系统、停车场管理系统、无线对讲系统、电子巡更系统、IP 电话系统、公共广播系统、智能会议系统、IBMS 智能化集成管理系统、BAS 建筑设备管理系统、能量计量系统等。其中，IBMS 智能化集成管理系统、BAS 建筑设备管理系统体现智能化设计的低碳节能；智能一卡通系统、停车场管理系统、智能会议系统体现楼宇办公自动化水平和运营维护的智能化水平。项目设有能源计量系统功能，可实时采集并存储建筑物空调、水、电等的能耗数据，对各部分能耗进行独立分项计算。同时，对各能耗数据进行统计分析，辅助管理决策，为建筑物能耗管理(制定并实施节能、节水等资源节约与绿化管理制度)提供数据支撑。

重庆会议展览馆二期项目是重庆绿色公共建筑的首个铂金级竣工标识项目，该项目在高效环境保障、节能、节材、非传统水源利用等方面的技术尝试，将为重庆市高质量、高性能的绿色公共建筑开发提供有效的引导和借鉴，也将为重庆市继续推动高品质绿色建筑提供技术与实践参考。

12.4 中科大厦项目

中科大厦项目(图 12.4)位于重庆涪陵区西部新城区的工业园区，是重庆市首个采用装配式建筑技术并通过绿色建筑铂金级设计评价标识的项目。该项目全方位实践“绿色、环保、节能”的设计理念，因地制宜地采用了多项“节能、节地、节水、节材和环保”技术，实现了绿色创新。

图 12.4 中科大厦

中科大厦项目由重庆晨升房地产开发有限公司负责开发建设，采用大量工厂化生产的预制构件，包括清水混凝土预制外挂墙板、清水混凝土预制装饰板、叠合楼板、预制钢梁、预制钢柱等，装配率达到 80%以上，是目前重庆市装配率最高的公共建筑项目；建筑外墙采用三明治夹心预制混凝土外挂板，项目制构件总质量与建筑地上部分质量的比例为 60.13%，达到并超过《绿色建筑评价标准》中最高要求 50%；大量采用 HRB400 的高强度钢，HRB400 级钢筋与受力普通钢筋质量主筋的比例为 95.26%，Q345 及以上的钢材占总钢材用量的比例为 96.4%，分别达到并超过《绿色建筑评价标准》中的最高要求 85%和 70%；项目高耐久性的高性能混凝土用量占混凝土总量的比例为 50.52%；吊 1 层至 2 层透明部分采用中空玻璃百叶窗，3 层至 26 层采用建筑自遮阳技术；项目采用 2 台定频和 1 台变频的水冷式螺杆机组，其能效比现行国家标准提高 12%；室内房间设置二氧化碳及甲醛空气质量监测系统；项目设置屋顶绿化，种植屋面占可种植屋面面积的比例为 55.97%；设置雨水收集回用系统，回用雨水用于冷却塔补水、绿化浇灌、道路冲洗、洗车用水、车库地面冲洗等，实现回用水功能的多样化；项目采用多种新技术，对设计阶段、施工阶段、构件生产等多环节采用建筑信息模型技术。

中科大厦充分运用了建筑信息模型技术，并建立了建筑信息模型管控平台，切实提高建设行业信息化、智能化水平和创新能力。项目的实践为建设高星级绿色建筑积累了经验和奠定了技术储备，在树立行业典范、引领行业发展方面起到了积极作用。

为加快推进城乡建设领域生态文明建设，重庆市着力实施“生态优先绿色发展战略行动计划”，推动绿色建筑与节能相关管理制度和技术标准严格执行，提升全市绿色建筑与节能管理水平和实施能力。按照单体建筑、住宅小区、生态城区 3 个层次，重庆市住房和城乡建设委员会推动新建建筑全方位绿色发展，认真落实重庆市“生态优先绿色发展战略行动计划”要求，以推动绿色建筑深层次发展、提升绿色建筑性能、融合装配式绿色建筑技术为重点，不断提高城乡建设领域生态文明建设水平，促进绿色发展。通过示范项目的技术试点及技术交流、经验介绍，不断总结凝练城镇化领域绿色发展成效，通过地方企业区县建设主管部门、重庆市住房和城乡建设委员会不同层级的不同宣介、推广，逐渐形成重庆代表性的绿色建筑技术体系，为深入推动城乡建设领域生态文明建设和实施生态优先绿色发展行动计划做出切实贡献。

12.5 万科金域华庭项目

即将投入使用的万科金域华庭项目是重庆市第一个现房销售住宅项目，其用地面积为 26 325m^2，总建筑面积为 235 406.57m^2，含 5 栋住宅、1 栋商业及地下车库，容积率为 6.9，建筑密度为 30.86%，绿地率为 35.01%。为实践在设计、施工、运营等环节建筑及其周边环境全生命周期内的高效化和绿色化，项目从设计阶段入手，通过模拟分析、多方案对比，科学合理地采用了多项绿色生态技术和产品，充分体现了节约资源与能源，减少环境负荷，打造健康舒适、与自然和谐共生的住宅小区的理念。

一是在节地与土地资源利用方面，项目合理利用地下空间设置停车库、设备房等，地下与地上建筑面积的比例为 29.06%；采用建筑底层架空设计，并设置乒乓球台等休闲、娱乐设施，向居民开放，架空层与住宅基底面积比例为 24.42%；通过人均用地的控制及地下面积空间的合理利用，最大限度地提高了土地利用率，通过建筑架空层配置相应休闲设施及配建各类配套用房，引导居民选择健康的生活方式。

二是在人居环境方面，注重室外环境景观营造，其绿地率达到 35.01%，人均绿地面积为 2m^2，人均公共绿地面积为 1.54m^2，绿地内植物种植面积比为 97%，乡土植物比例大于 80%；设置运动区、广场、步道等供居民使用的室外活动场地，其面积达 4 250m^2，且有乔木遮荫面积比为 23.74%；大量采用室外透水铺装，其面积比达到 53.3%；有效缓解城市热岛。无障碍系统设计，场地内实行人车分流，人行通道、主要出入口和停车位均采用无障碍设计。注重室内居住品质，充分进行自然采光、通风，卧室、起居室的窗地面积比达到 20%，通风开口面积与房间地板轴线面积的比例达到 8%。采用木地板+挤塑聚苯板楼板，保证楼板撞击隔声性能达到高要求限值；采用同层排水，减少排水噪声、管道噪声；采暖空调房间设置窗式通风器，可调节房间空气的温度、湿度、洁净度和空气流速等参数。地下车库设置与排风设备联动的一氧化碳浓度监测装置，保障车库内空气质量满足要求，提高了居民舒适度，满足用户对健康节能生活的需求。

三是在节能及能源使用方面，建筑外墙采用内保温+外保温的形式，外窗采用 Low-E 中空玻璃，空气层厚度为 12mm，提高建筑围护结构热工性能。水泵、风机和备用柴油发电机等布置于地下层，并采取减振、隔声等措施，减少噪声影响；走廊、楼梯间、门厅、大堂、地下车库、室外等场所照明采用分区、定时、自动感应的节能控制措施，光源选用高效发光的荧光灯及紧凑型荧光灯，车库、设备用房等选用大功率直管型三基色荧光灯或紧凑型荧光灯。空调系统采用空气源热泵机组和风冷空调器。

四是在节水与水资源利用方面，采用二级节水器具。项目设置雨水收集回用系统，收集室外雨水处理后回用于绿化灌溉、道路冲洗、景观水体补水等。绿化灌溉采用喷灌，并设置土壤湿度感应器节约水资源，节水灌溉面积比例为 96.26%。

五是在节材与材料资源利用方面，项目高强钢筋应用比例大于 85%，柱、剪力墙、梁等部位均采用高耐久性混凝土。可再循环材料占所用建筑材料总质量的比例为 10.23%。项目全部采用一体化设计装修，并设置地暖，其中 3 号楼采用整体厨房、卫生间。

六是在生活家居智能化方面，在小区主要出入口及车库出入口等公共区域设置固定电子屏，显示小区信息、便民信息、应急信息、物业通知、社区公告等信息。每户均设置户内报警系统，并与安防中心联网。同时项目设有出入口管理及周界防越报警、数字型视频安防监控、电子巡更、可视对讲、人行/车行出入口管理、公共设备管理、燃气泄漏报警和紧急呼叫等智能化系统。

万科金域华庭项目通过了绿色生态住宅(绿色建筑)小区设计评价，目前处于施工阶段。